地震高精度测氢、测汞和气辉观测原理与实践

张晓东　何　镧　田维坚　刘佳琪　董　会　卢　显　著

U0312874

地震出版社

图书在版编目（CIP）数据

地震高精度测氢、测汞和气辉观测原理与实践/张晓东等著.
—北京：地震出版社，2019.8
ISBN 978－7－5028－5037－1
Ⅰ.①地⋯　Ⅱ.①张⋯　Ⅲ.①地震观测–技术
Ⅳ.①P315.61
中国版本图书馆 CIP 数据核字（2019）第 117843 号

地震版　XM4100

地震高精度测氢、测汞和气辉观测原理与实践

张晓东　何　镧　田维坚　刘佳琪　董　会　卢　显　著
责任编辑：刘素剑
责任校对：凌　樱

出版发行：地震出版社

北京市海淀区民族大学南路 9 号　　　　　　邮编：100081
发行部：68423031　68467993　　　　　　传真：88421706
门市部：68467991　　　　　　　　　　　传真：68467991
总编室：68462709　68423029　　　　　　传真：68455221
专业部：68467971
http://seismologicalpress.com
E-mail：dz_press@163.com

经销：全国各地新华书店
印刷：北京地大彩印有限公司

版（印）次：2019 年 8 月第一版　2019 年 8 月第一次印刷
开本：787×1092　1/16
字数：200 千字
印张：8
书号：ISBN 978－7－5028－5037－1/P（5753）
定价：68.00 元

前　　言

在国家科技支撑计划课题（编号 2012BAK19B02）的资助下，《地震高精度测氢、测汞和气辉观测原理与实践》一书正式出版了，它是地震科技人员多年从事地震科学研究和实践工作的结晶。通过基于地震高精度测氢、测汞和气辉观测原理与实践研究，创新性地对新的地震前兆观测技术进行了探索，包括观测仪器、观测技术的研发，观测方法的研究和实际观测震例的分析等内容。

首先，本书针对高精度测氢仪观测原理与仪器研制，详细叙述了高灵敏氢传感器的研究现状、地震与氢气观测和高精度痕量氢观测技术的应用与发展；对微型纳米氢传感器、混合气体分离方法的研究、高精度氢分析仪控制系统的研制、仪器特点及性能进行了论述；尤其针对高精度痕量氢观测系统的整体观测技术与应用，包括测氢观测点的勘选、建设、仪器架设、仪器使用与维护、应用案例进行了重点论述。

其次，本书针对高精度测汞仪观测原理与仪器研制，详细叙述了地震与汞观测、汞观测技术的发展现状、新型汞传感器的研制、富集方法、仪器控制系统的研制、高精度测汞仪的特点及性能；针对高精度测汞仪器观测技术与应用，对仪器的使用与校准、测汞观测点的布设、井口集脱气装置和应用案例进行了详细论述。

最后，本书基于地震与气辉异常物理原理的探索，研究了地震与气辉的关系，气辉辐射强度变化与地震之间的关系；详细叙述了陆基气辉观测仪器研制与观测应用，包括气辉探测仪发展现状、原理可行性分析、气辉探测系统外场试验的开展、气辉探测系统定量标定分析和陆基气辉探测原理样机的研制等内容。

本书章节设计、内容编排、统稿和定稿由张晓东负责。第 1 章、第 2 章主要由田维坚、董会编写；第 3 章至第 6 章主要由何镧、刘佳琪等编写。文字整理由卢显、戴宗辉负责。

　　本书出版得到了中国地震局监测预报司、地震出版社的大力帮助，在此表示衷心的感谢。在课题执行过程中，陆远忠、张国民、马胜利、徐平、江在森、刘耀炜等专家给予了大力的指导、支持和帮助，在此一并致谢。

张晓东

2018 年 10 月

目　　录

第1章 地震与气辉异常物理原理探索

地震孕育是地球行星的一个自然的物理和化学过程，该过程中的各种地球物理量、地球化学量的变化，特别是孕育周期后期、临近地震发生时能够预示地震发生时间、地点和强度的变化，可称为地震前兆异常。地震预报能否实现，取决于是否能够检测到这些变化。为此，应开展所有地球物理量和化学量的全频域的实验观测，并首先确定存在地震前兆异常的物理量和化学量的种类及其频谱和量值范围、时空变化特征等。

1.1 地震预测

现有预测预报方法大多是对经验的统计预估。大体思想如下：首先，发现科学事实、积累经验、归纳提炼规律性认识；然后，建立理论体系，天文学、生物学等学科的发展历程；最后以此作为预测的依据。我国是世界地震预测预报实践性探索的开先河者；虽然多年的艰苦努力探索取得了显著进展，但在其科学的发展历程中，地震预测预报仍以定性的技术方法为主导，总体上处于观察和实验、积累科学事实和摸索经验规律的发展阶段。

我国大陆是全球强度最大、频度最高的板内地震活动地区，地震预测工作任重而道远。

1.2 地震与电离层活动的关系

经过最近几年的研究，愈来愈多的科学家发现地震电、磁场效应和电磁前兆现象较为显著，显示地震的过程并不只是局限于地球的岩石圈，也会通过电磁场的作用反映于大气层、电离层。在 1964 年阿拉斯加大地震时，发现电离层有扰动现象的发生，这是第一次发现电离层的扰动与地震的发生两者之间存在某种关联性。

1969 年发生的 Kurile 岛地震，电离层也出现类似的扰动现象。另外，大量的观测数据显示在地震发生前后，地震活动区上方的电离层可能存在某些异常现象。Ant-silevich（1971）分析比较 1966 年 Tashkent 地震时在 Tashkent 和 Alma-Ata 两个测站的电离层参数资料，发现在震中上空的电离层电子浓度有增加的现象。这些现象引起了电离层物理学家的兴趣，并试着由此着手去找出岩石圈（lithosphere）与电离层（ionosphere）间的关系。

在日本东北海岸发生的"3·11"地震引发的海啸气辉特征的观测资料里，发现在地震震中方向与大洋海啸中，气辉层波的传播速度相当。第一电离层特征领先主震引发的海啸大约 1 小时。图像数据是由位于夏威夷毛伊岛哈雷阿卡拉火山顶部的广角摄像系统获得，其总电子含量由夏威夷 GPS 基站和 JASON-1 卫星测量得到。这些结果表明了监测地球气辉层对于探测海啸和早期预警的作用。

最近的研究表明由地震活动引起的电离层变化不仅确实存在，而且在震级大于 5 级的地震发生前的几天到几个小时会发生电离层扰动。

1.3　气辉辐射强度变化与地震之间的关系

实验室研究已证明，岩石的形变和破裂使部分机械能转换成电磁能。这可以导致由于极化现象而出现静电场以及由震中区近表层裂隙而引起的电磁辐射，即地震现场的岩石形变与破裂伴随着在地面出现准位电场与电磁轴对。基于相关资料认为，所观测到的绿线辐射增强的效应可能与地方震的孕育过程有关。光度观测与电离层探测资料表明，震前扰动实际上没有扩散到高层电离层。

Sergey Pulinets 等的最近研究结果得出一个重要结论：地震与气辉之间存在关联。在地震前的几天时间内，557.7nm 和 630.0nm 波长处的气辉辐射强度都会增强，不同之处在于，557.7nm 波长处的气辉辐射在地震发生前的几个小时内辐射值会达到一个最大值；而630.0nm 波长处的气辉辐射在地震发生前的几个小时内强度会降低，随后达到最大值。

第2章 陆基气辉观测原理与仪器研制与观测应用

2.1 气辉探测仪发展现状

气辉产生于中高层大气与电离层之间相互耦合的过程,是电波能量的反常吸收后电子加速,通过碰撞而引起中性分子的光学激发,它是地球高层大气的一种非常重要的发光现象。电离层的反应最早在20世纪70年代被推测,并形成了海啸早期探测技术理论基础。目前,很多国家和地区都致力于气辉探测系统的设计和研制,以下介绍几种气辉探测系统。

台湾中央大学在2006年1月18日发射探空5号火箭,携带负载包括离子探测器(Ion Probe)以及姿态计,目的是为了探测距地面80～280km高度之间太空环境的电子密度与电子温度。2007年,台湾中央大学太空研究室用研制的NCUISS全天空成像仪和印度Ahmendabad物理研究室2000年研制的PRL气辉探测系统,联合测量了台湾地区上空630nm、557.7nm、777.4nm波长气辉强度,以此来判断电离层的变化情况。

印度PRL系统结构如图2.1.1所示,台湾中央大学NCUISS气辉探测系统结构形式如图2.1.2所示。其中NCUISS气辉探测系统由三部分组成,前端鱼眼透镜(8mm,f/2.8),视

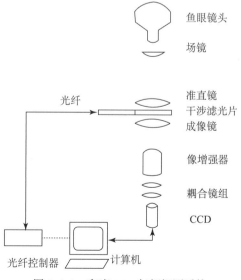

图 2.1.1 印度 PRL 气辉探测系统

场角180°；成像镜（135mm，f/2.8，口径100mm）；干涉滤光片（直径50mm，带宽1nm，滤波片旋转轮安装了需要的630nm、557.7nm、777.4nm滤光片和为了测量背景连续波的541.0nm滤光片）。

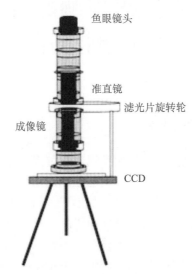

图2.1.2　台湾中央大学NCUISS气辉探测系统

　　犹他州立大学研制的大孔径的气辉光谱探测系统，该系统为非成像系统，其根据平台的指向进行定位，并对空间某一视场范围内的气辉现象进行光谱探测。图2.1.3给出的是犹他州立大学研制的大孔径气辉干涉光谱探测系统，系统的视场为5°，光谱分辨率为0.2nm。

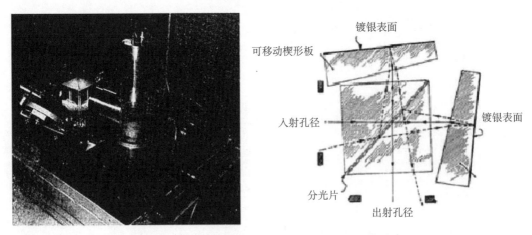

图2.1.3　犹他州立大学的大孔径气辉干涉光谱探测系统

　　Stanford大学研制的单波段气辉成像探测系统，该系统是成像系统。为了获得气辉的谱段特性，在系统内加入了滤波片，从而对特定波段的气辉成像。图2.1.4给出的是Stanford

大学 STAR 实验室研制的单波段气辉成像探测系统，它是美国 HAARP 计划的一部分，主要用于探测在大功率电磁波加热电离层过程中，氧原子激发的 630nm 气辉的增强现象。该望远成像系统包括两个集成的照相系统。一个具有较大的视场角，另外一个视场角很小。大视场角照相系统采用了一个 50mm，f/1.4 透镜，视场角为 9° ~ 12°。小视场角望远系统采用了直径 41cm，f/4.5 牛顿反射望远镜系统。视场角为 0.7° ~ 0.92°，100km 处的分辨率为3m。换用不同的窄带滤波片可以探测氮气以及羟基的气辉现象。

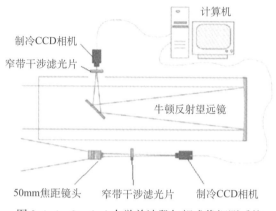

图 2.1.4　Stanford 大学单波段气辉成像探测系统

　　Boston 大学研制的多光谱气辉成像探测系统如图 2.1.5 所示。该系统为多光谱成像系统，利用窄带滤光片进行分光，同时获取几个波段处的图像数据，系统可以实时获取两维空间信息和一维光谱信息，但是系统的视场小，很难实现大视场的探测。

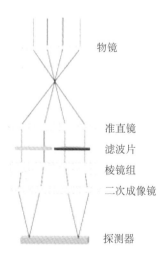

图 2.1.5　Boston 大学多光谱气辉成像探测系统

2.2　可行性分析

2.2.1　原理可行性分析

在地震的孕育过程中，地壳应力的变化使岩石或裂缝发生运动或变形，产生压电、压磁效应、摩擦生电、生磁等效应，并激发地壳环境电磁场发生异常变化。异常电磁场在向高空传播过程中，由于声重力波等作用，而被逐渐放大，在电离层高度上，通过中性粒子与带电粒子的碰撞相互作用产生电离层扰动（TIDs），导致高层大气产生气辉辐射异常。因此，地壳环境电磁场异常致使高层大气的气辉辐射变化，它们之间具有内在的必然联系，我们采用光电设备对大气气辉辐射进行监测，通过观测气辉辐射异常变化研究地震的前期预测。

气辉辐射光谱中包含有许多原子、分子和离子的谱线或谱带，在紫外、可见光和红外很宽的波段都有发射。在紫外光和远紫外光波段，有氢、氦、氮和氧的原子谱线，还有氧、氮分子和一氧化氮分子的谱线；在可见光区和近红外区还存在有连续光谱辐射，其中氧原子绿谱线、氧原子红线、钠原子黄线和氮分子离子的谱线是气辉观测非常重要的光谱辐射。总体来说，近红外区域气辉光谱能量辐射强度比可见光波段的辐射强度大，羟基（OH）和氧分子在近红外波段的谱线辐射强度是气辉光谱辐射中最强的。

气辉在可见光波段的辐射谱线有：波长为5577Å的氧原子绿线、波长为6300埃及6364Å的氧原子红线、波长为5893Å的钠原子黄线、波长为5199Å（紫外波长为3914Å）的氮分子离子谱带以及波长为6563Å的氢巴尔末谱线等。氧原子绿线5577Å是夜气辉可见光波段最强的谱线，发射高度范围大约为$100\sim245km$，其中在高度约为100km处的大气中氧原子密度最大，氧原子绿线发射强度也最大。氧原子红线6300Å，发射高度在$150\sim300km$之间，峰值发射高度约为245km。钠原子黄线5893Å发射高度范围$80\sim110km$，峰值发射高度为92km。

我们研究的就是通过探测气辉光谱中波长为5577Å的氧原子绿线和波长为6300Å的氧原子红线，通过数据反演技术，研究地震前期预测预报。

2.2.2　技术可行性分析

对地基气辉探测技术开展研究，重点解决窄带滤光关键技术，并研制地基气辉探测原理样机。通过对气辉辐射的实时测量，确定气辉变性的空间分布及量级，从而为地震预测提供技术手段。

为实现地基气辉探测技术，我们从气辉光谱辐射特性、窄带滤波技术等方面进行具体分析如下：

（1）气辉光谱辐射特性分析。

太阳辐射通过直接和间接的作用，使高层大气中的原子、分子和离子激发到较高的能态，激发粒子由高能态跃迁到较低的能态时发射光子，即产生气辉。气辉总是存在着，它覆盖了所有纬度，没有固定形式，其强度比极光小很多。在没有月光的晚上，气辉为天空中的主要光，在强度上超出了星光。一般昼气辉和曙暮气辉的强度较大，而夜气辉强度较小，随着一天中时间的不同，相同波长的气辉的发射高度会发生变化。气辉有日变化、季节和年变化，但是随太阳活动的变化没有极光那样明显。

气辉探测分为昼气辉探测、曙暮气辉探测和夜气辉探测。昼气辉的光谱成分最丰富，发射强度也最大，但是白昼散射光强，光照环境复杂，需用光谱分辨率很高且杂散光抑制强的观测仪器才能在地面观测到它，技术难度很大；曙暮气辉发射强度低于昼气辉，发生在日出前和日落后，太阳天顶角约为 90°～110° 之间。此时低层大气已处于地球阴影之中，高层大气仍然接受到来自下方的阳光照射，对微弱气辉的探测造成严重的干扰；夜气辉辐射强度低于曙暮气辉，此时太阳位于地球的背面对全天气辉探测影响较小，天空的主要观测光源为月光、星光和气辉辐射，探测难度相对降低，工程实施可行性较好。

对可见光波段范围内气辉主要发射谱线辐射强度统计数据如表 2.2.1 所示。

表 2.2.1　可见光波段主要气辉谱线发射平均强度（R）

谱线	夜气辉	曙暮气辉	昼气辉
557.7nm	250	400	1500
630.0nm	10～50	1000	1000～20000
589.3nm	20～200	1000～4000	1000～30000

考虑到气辉辐射的自我吸收效益，及所选用探测器的光谱响应范围、量子效率等夜间气辉观测的应该选择发射强度较高的谱线，这样的谱线共有 5 条：氧原子绿线（5577Å）、氧原子红线（6300Å）、钠原子黄线（5893Å）、氮分子离子谱带（5199Å）、氢巴尔末谱线（6563Å）。为了实现对 100km 以上和 300km 以下的气辉变化情况进行观测研究，我们选择氧原子绿线（5577Å）和氧原子红线（6300Å）为我们的观测谱线。

（2）窄带滤波技术分析。

气辉探测光学系统为了降低背景对微弱气辉辐射的探测干扰，对窄带滤光系统的技术指标要求很高，传统的窄带滤光镀膜工艺难于实现。为此我们研究了多光束干涉滤光技术：多光束干涉可提高光谱分辨率，将法布里-波罗（Fabry-Perot，F-P）干涉仪引入气辉探测光学系统中，解决高光谱分辨率滤光器件的技术问题。采用 F-P 干涉仪和光学薄膜组合的结构形式实现极窄带滤光，该窄带滤光组件放置于中继系统的中间，使得小入射角范围光线通过滤光系统，从而峰值透光率波长位置不发生偏移。如图 2.2.1 所示，气辉和天空背景辐射光混合在一起为宽波段连续光谱进入光学探测系统，在 F-P 干涉仪处发生多光束干涉，使得谐波长光束强度发生干涉增强。然后通过带通光学滤光片将干涉增强的其他非工作波段能量滤除，得到高光谱分辨率的谱线辐射光谱。谐振波长计算如公式所示，通过合理设计 F-P 干涉仪可有效提高光谱分辨率。

研究设计满足需要的窄带滤光片，借助高性能镀膜机通过不断试验探索大面阵高均匀性光学薄膜制作工艺，研制满足要求的滤光组件。

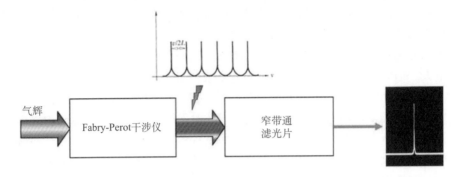

图 2.2.1　滤波器组件工作原理

2.3　气辉探测系统外场试验的开展

我们先后两次开展地基气辉探测系统外场试验工作，验证了多项关键技术，获得了大量数据。

试验中气辉成像探测仪放置在视场开阔的屋顶平地上，垂直向上对天空进行观测，观测目标为波段 557.7nm 和 630nm 的气辉辐射。通过两次试验拍摄，成功获得了 557.7nm 自然气辉辐射图像，为后期项目的顺利进行提供数据支持。

同时通过外场试验，验证气辉探测仪使用的边界条件（背景辐射条件、环境条件、温度、振动等）；完成系统参数优化，对试验数据进行定性分析，验证系统探测灵敏度；并对采集图像数据进行处理（灰度扩展、伪彩色增强等）。

外场试验仪器有：探测仪、计算机、滤波片、电源、线缆等，如图 2.3.1 所示。

图 2.3.1　外场试验仪器

2.3.1　试验过程

（1）设备线路连接、打开仪器电源开关，取下镜头盖；
（2）打开设备图软件，设置制冷温度；
（3）设备实验前不加入滤波组件，关闭增益，拍摄图片；
（4）加入滤波组件，设置增益及曝光时间；
（5）选择合适的曝光时间及增益倍数拍摄图片，保存图像，填写记录数据表。
时间：2013 年 11—12 月 19：00—24：00。

表 2.3.1　2013 年试验记录

时间（月.日）	天气	实验内容	实验结果
11.22	晴	系统装调、气辉观测、连续拍摄	无现象
11.23	晴	参数调整、气辉观测、连续拍摄	有现象
11.24	小雨	气辉观测、连续拍摄	无现象
11.25	多云	气辉观测、连续拍摄	无现象
11.26	晴	气辉观测、连续拍摄	有现象
12.01	小雨转阴；实际天气：早上、中午：阴，下午：多云，晚上：阴转晴（能见度低），雾气较大	气辉观测、连续拍摄	无现象
12.02	小雨转阴；实际天气：早上、中午：阴，下午：多云，晚上：阴转晴（能见度低）雾气较大	气辉观测、连续拍摄	无现象
12.03	晴转阴；实际天气：早上、中午：大雾，下午、晚上：晴（能见度逐渐变低）	气辉观测、连续拍摄	无现象
12.04	晴转多云；实际天气：早上：阴，中午、下午：多云，晚上：晴（能见度逐渐变低）	气辉观测、连续拍摄	无现象

　　11 月 23 日观察到明显波纹现象，时间为 22：33，该现象随时间变化进行位置平移（图2.3.2）。

22:33　　　　　　　　22:35　　　　　　　　22:37

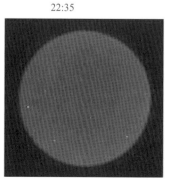

图 2.3.2　11 月 23 日气辉仪拍摄原始图片

11月26日观察到明显波纹现象，时间为00：35，该现象随时间变化进行位置平移（图2.3.3 至图 2.3.5）。

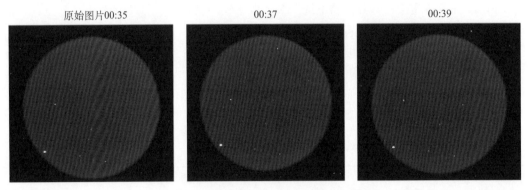

图 2.3.3　11 月 26 日气辉仪拍摄原始图片

信号增强

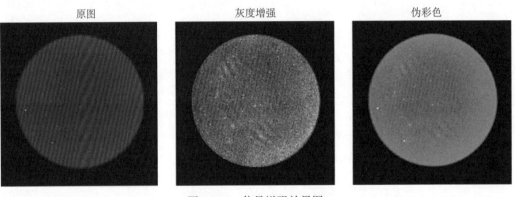

图 2.3.4　信号增强效果图

信号增强

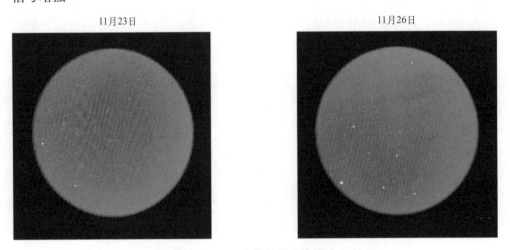

图 2.3.5　两次信号增强效果图

表 2.3.2 是 2014 年 11 月在 19：00—24：00 气辉仪外场试验记录。

表 2.3.2　2014 年气辉外场试验记录

日期 年．月．日	天气	实验现象记录
2014.10.29	阴转小雨，晚上晴天	21：51 附近观察到自然气辉，持续几分钟（曝光时间 120s）
2014.10.30	晴转多云，晚上转好	次日 2：23 附近观察到自然气辉，持续几分钟（曝光时间 180s）
2014.10.31	晴转多云	次日 1：54 附近观察到自然气辉，持续几分钟（曝光时间 240s）
2014.11.1	多云	天气原因，未进行试验
2014.11.2	阴	
2014.11.3	多云转晴，晚上转阴	
2014.11.10	晴转阴	天气原因，未进行试验
2014.11.11	阴转小雨	
2014.11.12	小雨	
2014.11.13	小雨转阴	
2014.11.14	大雾转多云，晚上晴	次日 1：09—2：00 观察到自然气辉（曝光时间 180s）
2014.11.15	阴	天气原因，未进行试验
2014.11.16	小雨	
2014.11.17	小雨	
2014.11.18	小雨	
2014.11.19	晚上雾	
2014.11.20	晴天，晚上转多云	
2014.11.21	多云转晴	22：32—23：15；次日 00：10—0：43 观察到自然气辉（曝光时间 150s）
2014.11.22	多云	次日 1：52—2：12 观察到自然气辉（曝光 60s）
2014.11.23	晴，晚上转多云	无现象，次日 0：00 后多云
2014.11.24	晴	23：12 附近；次日 00：12 附近几分钟观察到自然气辉（曝光时间 60s）
2014.11.25	晴	因设备调试，24 点后没做
2014.11.26	晴	次日 2：40—2：48；4：34—5：40 观察到自然气辉（曝光时间 90s）
2014.11.27	晴	4：34 附近自然现象（曝光时间 120s）
11 月 4—9 日，由于月亮升起时间和落下时间基本占满整个黑夜，暂停试验		

11 月 26 日观察到气辉走向为东西走向（正常为南北走向），需要进一步分析，才能确定其变化原因。

图 2.3.6 皆为未做任何处理的原始图片。

14日气辉走向　　　　　　　21日气辉走向　　　　　　　26日气辉走向

图 2.3.6　气辉仪拍摄原始图片

2.3.2　试验结果

● 武汉大学空间物理方面专家对试验数据及现象进行了分析，专家初步认为是试验由重力波引起的自然气辉现象。

● 曝光时间从 240s、180s、150s、120s、90s、60s 都能观察到自然夜气辉。

● 通过与空间中心气辉观测仪器负责人员交流，试验中观察到的现象确认为气辉，并与空间中心气辉仪、国外气辉探测仪拍摄图片进行比对。

● 晴朗无月的夜晚，12 点以后基本都能观测到自然夜气辉，具体原因有待进一步分析。

● 气辉走向发生变化的原因，及气辉变化与地震的关系，还需要大量的试验，积累数据。

2.4　气辉探测系统定量标定

气辉辐射有多种类型，我们主要针对夜气辉进行探测研究，通过地面测量数据近似估算天空背景夜气辉辐射强度。为了实现对 100km 以上和 300km 以下的气辉变化情况进行观测研究，我们选择氧原子绿线（5577Å）和氧原子红线（6300Å）为观测谱线。

气辉的标定工作主要分如下几个阶段完成：（1）对探测信号进行分析，解析光电探测器记录的有效信号强度；（2）通过前期推导相关公式，将图像信号强度转换为天空气辉辐射强度，单位为瑞利。

2.4.1　气辉辐射光电探测分析

理想条件下，不考虑光电探测器暗电流背景，微弱的天空背景辐射，及各种光电器件噪声。气辉辐射的光电探测过程如下：首先，空间气辉辐射经过大气吸收层衰减投射到探测仪光学系统的入瞳处；然后，该辐射经过镜头汇聚投射到高灵敏度探测器上；最后，经过光电转换以电压的形式记录测量结果。以夜气辉辐射中的中氧原子绿线（5577Å）的辐射强度约为250R，氧原子红线（6300Å）的辐射强度约为10～50R为例说明问题。

R为辐射出射度单位（也称为"瑞利"），一秒内每平方厘米面积上发出的全部光子数为106个时，我们称为1R。其和辐射亮度之间有如下关系：

$$L_R = 10^4 \times \frac{R}{4 \times \pi} \qquad (2-1)$$

其中，辐射亮度 L_R 定义为每平方米面积上以光子计数的辐射亮度。通过全天相机进行探测，对气辉辐射强度进行定量化研究，那么气辉辐射亮度在像面上产生的以光子计数的照度 E_R 计算公式如下：

$$E_R = \frac{K \times \pi \times L_R}{4 \times F^2} = 10^4 \times \frac{K \times R}{16 \times F^2} \qquad (2-2)$$

其中，K 为光学系统透过滤，L_R 为物面亮度（本书为以光子计数的气辉辐射亮度），F 为光学系统光圈数。本书讨论研制的地基夜气辉探测相机光学系统主要由鱼眼物镜、干涉滤光片和汇聚成像镜三部分组成。其中鱼眼物镜和汇聚成像镜组光学零件表面镀增透膜，单面波谱段内平均透过率不低于97%，总体透过率高于45%。干涉窄带滤光片在工作波段透过率优于85%。光学系统总体透过率为38.25%，即 $K=0.3825$。光学系统采用大相对孔径设计方案，系统 $F=2.8$。将如上数据 K、F、R 值分别代入公式（2-2），可得到不同强度气辉辐射在相机像面上产生的照度值 E_R。

地基夜气辉探测相机系统探测器的光谱响应范围和量子效率直接影响到系统探测灵敏度和图像信噪比。其中，图像信噪比是一个非常重要的指标，直接关系到相机采集图像质量和探测方案的成败，我们选用高灵敏度微光探测CCD相机。该类探测器具有像素面积大，分辨率高，光电灵敏度好、量子效率高等优点。假定相机像素尺寸为pix，单位为 μm，工作波长的量子效率为 η，那么单个像素输出信号强度 V_e 计算如下：

$$Ve = E_R \times pix^2 \times \eta \times t \qquad (2-3)$$

公式（2-3）中 t 为曝光时间，单位为s。相机系统的噪声主要有散粒噪声、暗电流噪声、电子读出噪声、量化噪声等。选用高灵敏度微光探测EMCCD相机，空间分辨率像素数为512×512个，像素尺寸为 $16\mu m \times 16\mu m$，在557.7nm和630.0nm的量子效率不低于90%。该相机暗电流噪声和电子读出噪声很小，量化噪声相对于散粒噪声可以忽略，探测信号强度及信噪比见表2.3.3：

表 2.3.3　夜气辉探测分析结果

谱线（nm）	夜气辉（R）	曝光时间（s）	信号强度（e^{-1}）	探测信噪比（dB）
557.7	250	5	3699	35.68
630.0	10	80	2367	33.74

我们选用高灵敏度微光探测 CCD 相机，空间分辨率像素数为 1024×1024 个，像素尺寸为 $14\mu m \times 14\mu m$，在 557.7nm 和 630.0nm 的量子效率不低于 55%。电压值经过进一步量化，最终以灰度值的形式记录探测数据。

综合以上三个过程，我们得到如下结论：

$$Ve = 10^4 \times \frac{kR}{16F^2} \times pix^2 \times \eta \times t \qquad (2-4)$$

即

$$R = \frac{16F^2 \times Ve}{10^4 \times k \times pix^2 \times \eta \times t} \qquad (2-5)$$

以上理论分析说明：空间气辉辐射强度与地基夜气辉探测相机系统探测器的输出图像电压值成正比关系，通过上述关系可推算空间夜气辉辐射的强度值。当然，公式中涉及的部分参量进行准确估算比较困难，我们结合标定试验进行数据修正，提高反推的数据精度。

2.4.2　气辉辐射强度反演计算

地基气辉探测系统的光电探测信号强度包含多种物理量测量结果，而不仅仅是夜空的气辉辐射信息。所以上段分析的理想测量条件是不存在的，但是通过合理的数据比对分析，我们可以计算代表气辉辐射强度的那部分电信号强度。

式（2-6）为光电探测对夜空探测：

$$E_{out} = E_{background} + E_{airglow} + E_{dark} + \delta E_{noise} \qquad (2-6)$$

式中 $E_{background}$ 表示夜空背景辐射强度，在一次曝光拍摄过程中为固定值；$E_{airglow}$ 表示气辉辐射强度；E_{dark} 表示探测器的暗电流强度，与相机的工作模式和曝光时间及制冷温度有关，我们通过电制冷降低探测器的暗电流，提高微弱辐射信号的探测灵敏度。δE_{noise} 表示光电探测系统的散粒噪声，与光电器件输出电压信号强度相关。由于我们采样局部面域，通过统计的方式求解（2-6）中的数值，所以散粒噪声 δE_{noise} 对标定工作的影响可忽略。

如上所述，气辉辐射的光电探测信号结算为：

$$E_{\text{airglow}} = E_{\text{out}} - (E_{\text{backgroud}} + E_{\text{dark}}) \qquad (2-7)$$

E_{airglow} 表示有气辉辐射图案的区域统计平均值 E_{out} 减去无气辉辐射图案的区域统计平均值 $E_{\text{background}} + E_{\text{dark}}$。

综上所述，地基气辉探测系统对夜气辉辐射强度的定量估算的数学方法如下：

$$
\begin{aligned}
R &= \frac{16F^2 \times (E_{\text{airglow}}) \text{pix}^2 \times \eta \times t}{10^4 \times k \times \text{pix}^2 \times \eta \times t} \\
&= \frac{16F^2 \times (E_{\text{airglow}} - (E_{\text{background}} + E_{\text{dark}}))}{10^4 \times k} \\
&= \frac{16F^2 Ve}{10^4 \times k \times \text{pix}^2 \times \eta \times t} = K_{\text{airglow}} \times Ve \qquad (2-8)
\end{aligned}
$$

其中，$K_{\text{airglow}} = \dfrac{16F^2}{10^4 \times k \times \text{pix}^2 \times \eta \times t}$，对于设定工作条件的相机，$K_{\text{airglow}}$ 为常数。同时考虑到，在相机拍摄参数不变的情况下，光电探测器势阱电子数 V_e 与图像灰度值之间存在如下关系：$\Delta Dn = K_e \times Ve$，其中 K_e 为光电灵敏度，一个电子等效的灰度输出。那么由此可以得到：

$$R = \frac{16F^2 \Delta Dn}{10^4 \times k \times \text{pix}^2 \times \eta \times t} \qquad (2-9)$$

当相机设置参数如下时，图像灰度值和气辉辐射强度之间的关系分别为：
工作波段 557.7nm，相机积分时间 80s，相机增益控制 50

$$R = 0.83 \times \Delta Dn$$

工作波段 557.7nm，相机积分时间 120s，相机增益控制 200

$$R = 0.1383 \times \Delta Dn$$

2.4.3　标定技术方案

标定技术方案的核心是建立图像灰度值与辐射亮度 R 之间的关系。地基气辉探测系统的灵敏度通过弱光度标注装置进行测量。微弱光测试平台产生等量的微弱辐射，地基气辉探测系统对该微弱辐射的空间分布进行探测。基本方案如图 2.4.1 所示：

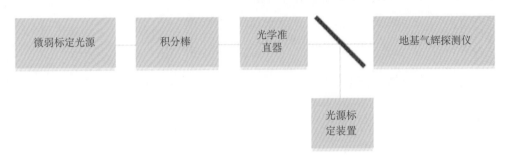

图 2.4.1　标定技术方案

图中可见，微弱标定光源产生与气辉辐射等效的弱光源关系。采用的微弱光测试台的结构如图 2.4.2 所示。

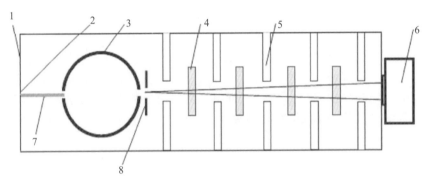

图 2.4.2　微弱光测试平台的结构示意图

1. 暗箱；2. 单色仪；3. 积分球；4. 中性减光片；5. 挡板；6. 气辉探测仪；

7. 单色仪输出光纤；8. 出射光可调光阑

由单色光源和积分球组成了装置的光源系统，在积分球出口处形成单色的漫射面光源。积分球出口装有可变光阑，可调节积分球的出射口光通量。积分球和探测面间可放置投射比为 0.1 的多个中性减光片，由出射可变光阑和中性减光片组成的装置的衰减系统，用标准探测器对可变光阑和中性减光片进行标定。

积分棒或者采用光纤束，产生一定面域的弱小光源，等效气辉辐射在夜空的空间分布。光学准直器与地基气辉探测系统配合将面域弱光源投射到地基气辉探测系统的 CCD 靶面上。光源标定准直对光源的强度进行准确标定。并形成与相机测量值进行比对的一个基准。

2.4.4　试验数据分析

我们以 2013 年 11 月 23 日外场试验采集的数据为例进行分析，数据原文件为 "2244-120s-200_ X8. tif"。根据上述数据反演公式我们可以计算出采集的气辉的辐射强度信息，如图 2.4.3 所示。

通过读取采集图像数据，原始图像区域 1、区域 2、区域 3 的数据见表 2.4.1：

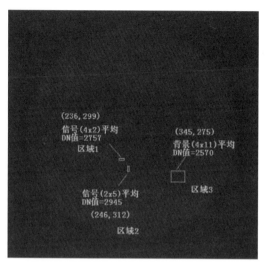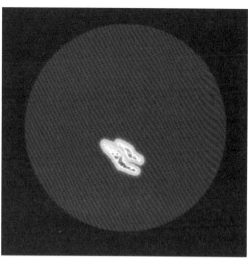

图 2.4.3　原始图像及伪彩色处理图像

表 2.4.1　采集图像分析

序号	像元 Dn 值				平均 Dn 值	说明
区域 1	2663	2534	2607	2373	2570	背景噪声
	2513	2583	2691	2365		
	2230	2665	2286	3000		
	2773	2651	3005	2525		
	2684	2663	2469	2747		
	2230	2775	2651	2453		
	2254	2842	2563	2748		
	2134	2835	2370	2442		
	2545	2535	2631	3053		
	2692	2225	2214	2508		
	2837	2159	2799	2570		
区域 2	2725	2787	2957	2820	2757	187
	2692	2715	2594	2772		
区域 3	2918	3406			2945	375
	3034	3044				
	2741	2872				
	2923	2878				
	2817	2819				

将表 2.4.1 中的数据带入公式，可以得到：

区域 2 对应的瑞利值：$R = 0.1383 \times \Delta Dn = 0.1383 \times 187 = 25.86_{瑞利}$；

区域 3 对应的瑞利值：$R = 0.1383 \times \Delta Dn = 0.1383 \times 375 = 51.86_{瑞利}$。

2.5　地基气辉探测原理样机的研制

本节从气辉探测系统设计、光电成像探测器件、探测能力计算及仿真和实验室标定四个方面较系统地阐述地基气辉探测样机的研制过程。

2.5.1　气辉探测系统分系统设计介绍

气辉探测系统主要包括光学成像系统、窄带滤波组件及机械结构三个部分，下面详细介绍各部分方案。

2.5.1.1　光学系统方案

光学系统是地基夜气辉探测相机系统的重要组成部分，主要完成对空间气辉辐射的聚集成像，实现对气辉光谱特性的定性和定量探测分析。地基气辉探测系统光学设计结果见图 2.5.1，该光学系统在晴朗无月的夜晚气辉辐射氧绿线（557.7nm）和氧红线（630nm）进行对天全景光谱观测。光学系统工作波段设计为 557.7 ～ 630.0nm，考虑到工程应用等问

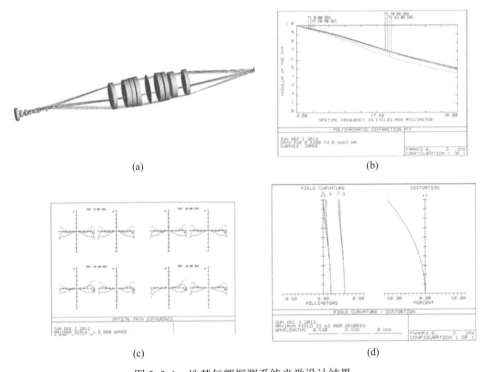

(a)　　　　　　　　　　　　　(b)

(c)　　　　　　　　　　　　　(d)

图 2.5.1　地基气辉探测系统光学设计结果

（a）光学系统示意图；（b）系统传函曲线；（c）系统波相差曲线；（d）系统畸变曲线

题，将系统的工作波段设计为：530～650nm。基于野外试验地面光源的干扰（城市夜光等），将该相机光学系统视场角设计为 110°。夜气辉辐射微弱，参考相关文献，将光学系统的相对孔径设计为 1/2.8。地基夜气辉探测相机系统对微弱信号进行探测，不但相机系统积分曝光时间长，而且相机光机系统设计时也要充分考虑到地面杂散光的问题。气辉探测光学系统主要由广角镜头、场镜、转向镜组成。

工作波段：540～640nm

焦距：4mm

视场角：55°×2

空间分辨率：0.004 弧度（100km 处分辨率约 400m）

相对孔径：1/2.8

全视场畸变　小于 43%

1. 鱼眼物镜

鱼眼物镜是一种超大视场角物镜，可以实现 110°宽视场成像。光学系统视场角越大，与其有关的像差则急速增加，尤其是畸变更为严重。在超大视场角物镜设计时，令前组残存一定的畸变，令后组产生符号相反的畸变加以补偿。但是，当视场角急剧增大时，前组的畸变也迅速增加，使得后组根本无法补偿，所以为了实现光学系统的超大视场角成像，畸变可不校正。光学系统的畸变可以通过后续图像处理的方式修正。鱼眼物镜设计结果如下：

工作波段：500～650nm

焦距：4mm

视场角：55°×2

相对孔径：1/2.8

全视场畸变：小于 50%

鱼眼物镜采用准像方远心设计，系统像面照度均匀性较好。设计中增加了前组负透镜组的光焦度，使得系统后工作距离较大。鱼眼透镜全视场畸变较大，采用后续图像处理的方法进行校对修正。

2. 转向镜

光学系统中设置有窄带滤光片，窄带滤光片用两种不同折射率的光学材料通过多层叠加得到。这种窄带滤光片，工作带宽约为 1～2nm，对入射光的入射角度要求极高，光束入射角偏离设计值时，窄带滤光片不但会发生严重的频移现象，而且会使设计波长透光率降低，严重破坏了干涉滤光片性能。特此我们在设计光学系统中加入转向镜系统，将窄带滤光片放置在转向系统光阑位置，这样大视场大相对孔径光束在转向镜光阑处均以小角度通过干涉滤光片，保证干涉滤光片不发生频移及透光率降低等问题。转向镜视场较小，属于无畸变系统。

同时为了匹配系统光阑，转向镜通过场镜和鱼眼物镜相连。

2.5.1.2　窄带滤波组件

F-P 窄带滤光技术是我们研究项目的关键技术，也是项目的研究重点。我们近期对该技术进行了理论研究，并进行了相关技术指标的设计，同时对峰值透过率波长位置的飘移问题进行了计算分析。F-P 窄带滤光系统是一个精密的光学系统，装调精度要求很高，我们借助实验的手段对该方案进行了原理性的验证。

F-P干涉仪由具有特定反射比的两块平板透镜组成，透镜之间具有一定的间隔，这个间隔决定了采样干涉的光束之间的光程差，也决定了窄带滤光的峰值透光率波长位置及半带宽度。

考虑到玻璃材料对入射光能量的吸收，我们对玻璃平板组的设计如下：

材料吸收：小于1%

透射率为：5%

反射率为：94%

相对面形精度：$\lambda/60$

两平板玻璃之间的间隔：2.778μm

平板玻璃间隔的指标精度：5nm。

2.5.1.3 机械方案设计

机械方案采用窄带滤光膜和F-P干涉仪相结合的方式，实现高光谱分辨率的窄带滤光，极大提高探测的对比度及信噪比，最终实现地基气辉探测。根据功能要求地基气辉探测系统由鱼眼物镜组件、转向镜组件、F-P干涉仪组件、探测器组件和它们的支撑组成。其中，鱼眼镜组是一种超大视场角物镜，可以实现110°宽视场成像，转向镜组件保证大视场大相对孔径光束在转向镜光阑处均以小角度通过干涉滤光片，避免干涉滤光片发生频移及透光率降低等问题，F-P干涉仪组件实现了557.7nm和630.0nm的窄带滤波。

1. 结构设计技术要求

地基气辉探测系统结构方案设计的直接依据是光学设计方案，为光学系统提供有效支撑及保证精度要求。

整个光学系统可分为鱼眼物镜组件、前转向镜组件、F-P干涉仪组件、后转向镜组件和焦平面。

各部分的技术指标要求如下：

①全系统同轴度0.03mm，鱼眼物镜组件、前转向镜组件、后转向镜组件同轴度均需小于0.02mm。

②前转向镜组件光轴垂直于F-P干涉仪的入射面，后转向镜组件垂直于法布里-波罗干涉仪的出射面，偏差小于20″。

③F-P干涉仪组件微应力固定，且可进行更换。

④系统工作温度（20±3）℃。

⑤整个光学系统进行杂散光防治。

2. 结构设计总体方案

根据光学系统及电子学设计要求，结构设计包括鱼眼物镜组件、转向镜组件、F-P干涉仪组件和探测器组件。其中，前三个组件通过连接法兰用螺钉紧固连接成光机系统主体。组件间的配合要求通过导向定位圆保证同心要求，通过组件之间的金属修切垫保证轴向光学间隔。光机系统主体整体放在支架上，通过连接法兰固定（图2.5.2）。

总体尺寸为：长460×宽70×高70（mm）（不包括支架）

重量为：6.8kg（不包括支架）

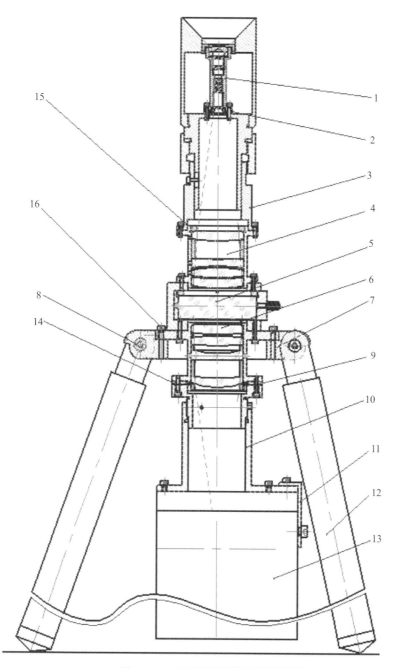

图 2.5.2　地基气辉探测系统结构图

1. 鱼眼镜头；2. 鱼眼镜头隔圈；3. 鱼眼镜组连接筒；4. 前转像镜组；5. 滤光片组件；6. 后转像镜组；7. 系统支架座；8. 铜套；9. 后转像镜组隔圈；10. 相机连接筒；11. 相机连接片；12. 系统支架；13. 相机

3. 鱼眼镜组

鱼眼镜组是一种大视场角物镜，可以实现 110° 宽视场成像。其技术指标为：同轴度均小于 0.02mm。设计结果如图 2.5.3 所示。

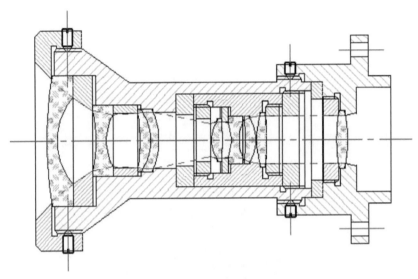

图 2.5.3　鱼眼镜组结构示意图

鱼眼镜组为球面共轴系统，各个镜片设计各自的金属镜框，用压圈压紧并通过镜框壁上的注胶孔注胶紧固，为了保证各镜片之间的同轴度要求，每个镜片组件通过紧密配合保证和基准轴的同轴度，严格控制镜片组和大镜框之间的装配间隙，可保证整个中继光学系统达到设计要求。镜片之间的光学间隔通过镜片组之间的修切垫来调节。大镜框通过 4 个 M4 螺纹孔和前转向镜组件连接，调整完成后，用定位销钉固定。

4. 转向镜组

转向镜组分为前转向镜组和后转向镜组，其功能是保证大视场大相对孔径光束在转向镜光阑处均以小角度通过干涉滤光片，避免干涉滤光片发生频移及透光率降低等问题，技术要求为：同轴度均需小于 0.02mm。为了简化设计，前、后转向镜组采用相同设计方案，分别放置于 F-P 干涉仪两端。设计结果如图 2.5.4 所示。

转向镜组为球面共轴系统，由于光学玻璃口径较大，质量较重，在设计时转向镜主镜框作为整个镜组的承力零件，其外壁有四条加强筋，减轻重量的同时，保证了强度和刚度（图 2.5.5）。其余设计方式同鱼眼镜组。

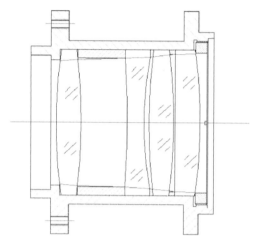

图 2.5.4 前转向镜组结构示意图

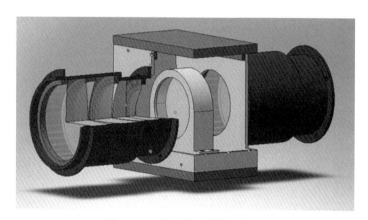

图 2.5.5 转向镜组结构示意图

5. 滤光组件

根据设计要求,我们初步确定了标准具各部件的材料、结合方式和安装结构,如表 2.5.1 所示。

表 2.5.1 标准具各部件选用材料表

部件	材料
平板	微晶 Zerodur
间隔柱	微晶 Zerodur
胶合	美国 8323 环氧胶
结构	4J32

表 2.5.2　材料参数

材料名称	密度（kg/m³）	弹性模量（GPa）	泊松比	线膨胀系数（10-6/K）	导热率（W/mK）
Zerodur	2530	92.9	0.24	0.05	1.64
4J32	8030	145	0.25	0.25	13.9

标准具直径 50mm，镀膜区直径为 46mm，平板厚度为 5mm，有效间隔柱长度为 3.15μm。微晶平板与三个微晶间隔元件用紫外固化胶胶合，安装结构三点悬臂式安装结构。图 2.5.6 和图 2.6.7 为三维模型。

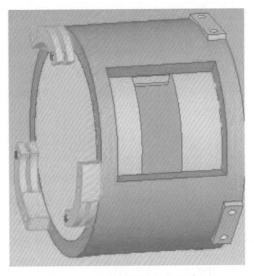

图 2.5.6　微应力装夹结构示意图

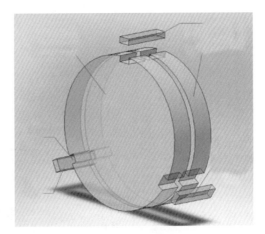

图 2.5.7　干涉仪反射镜固定示意图

6. 机械快门组件

由于系统为弱目标的探测，我们选择了高灵敏度的 EMCCD，且需要较长时间曝光，为了提高探测信噪比，必须增加机械快门，在拍摄前关闭机械快门，拍摄含暗电流的数据，后期可进行比对。

机械快门组件放置于焦面前面，保证光圈通过口径小于光路通过口径，通过计算机串口输出脉冲控制快门的开关，实现对曝光时间的精确控制。通过自带的电脑软件可以实现更灵活的开关周期设置。具有计数显示功能，控制方便直观，时间稳定性好，工作可靠。还设有 B 门和 T 门的工作方式。电子快门的最大通光孔径为 Φ20mm（图 2.5.8）。

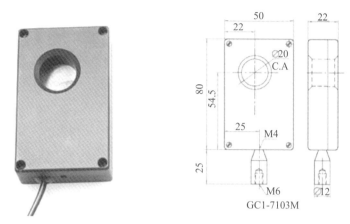

图 2.5.8　机械快门实物图及尺寸图（单位：mm）

2.5.2　光电成像探测器件

探测器是实现光电转换的重要部件，它是由 CCD 传感器、驱动电路和机械接口等组成。CCD 传感器将光学图像转换为二维空间的电荷分布，经读出电路变为随时间变化的模拟电信号，再经信号处理电路和模数转换电路变为数字化的中高层气辉辐射强度分布图像数据。

2.5.2.1　类型选择

对探测器的选择，首先要满足高灵敏度低噪声的制冷探测器，以实现气辉弱目标的探测识别，避免信号淹没在噪声中；探测器的像元尺寸要尽量大，以提高气辉辐射能量的利用率。ICCD 与 EMCCD 是当今最灵敏的两种 CCD，都可以做到单光子探测的，广泛的应用于天文观测、高速分子荧光、单分子荧光生物细胞成像、玻色–爱因斯坦凝聚（BEC）等领域。

ICCD：它的放大原理是光首先打到光点阴极上激发出电子，电子进入微通道板进行放大，放大后点信号轰击荧光屏激发出荧光，荧光通过透镜或者光纤耦合到普通 CCD 靶面上，就成像了。ICCD 有两个特点：一是在光电阴极上加脉冲电压，就可以实现 ns 量级的时间门控，做超快时间分辨探测；二是利用电子轰击增益，信号放大能力很强。缺点也是明显的，就是空间分辨率较低。目前 ICCD 产家有德国 Lavision 公司、英国 Andor 和美国 Princeton 公司。

EMCCD：就是在普通 CCD 读出寄存器后面加了一个增益寄存器。把电子信号进行放大，电子在转移过程中产生"撞击离子化"效应，产生了新的电子。利用制冷，把暗电流等噪声抑制，这样可以有效的信号增益提取。相对 ICCD 空间分辨率较高，快速成像，但时间分辨不如 ICCD，能做到 ms 级的。

ICCD 与 EMCCD 的优缺点比较：

（1）ICCD 通过光电阴极实现光电转换，峰值量子效率不超过 50%；EMCCD 采用 CCD 芯片，背照式峰值量子效率可达 90%；

（2）ICCD 的微通道板和荧光屏降低空间分辨率；EMCCD 空间分辨率只取决于像素大

小，比 ICCD 分辨率高，适合生命科学领域；

（3）ICCD 增强器中有几百上千伏高压，高增益下引入较强信号（可能很弱）导致象增强器损毁；EMCCD 没有这么严格的要求，尽量避免饱和；

（4）ICCD 具有 ns 级的门宽实现高时间分辨；EMCCD 只能实现 ms 级时间分辨；

（5）ICCD 像增强器成本高，价格高，第三代 ICCD 进出口管制；EMCCD 相对较好。

2.5.2.2　试验情况

根据气辉辐射强度及光学探测系统的能量计算，结合国外相关的工程应用，我们拟选择具有高灵敏度、低噪声的 EMCCD。课题组对探测器进行了初步的性能测试（图 2.5.9 和图 2.5.10）。

1. 实验室暗室测试

a）实验条件：暗室

b）光源条件：无

c）靶标：打印条纹板

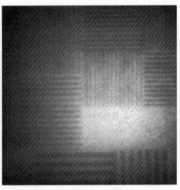

图 2.5.9　实验室暗室测试

2. 室外天空成像测试

a）时间：22：30

b）天气条件：雾霾，中度沙尘天气，黄色预警，能见度较差，目视只能见一颗星，且极其微弱，估计其亮度约 5～6 等星之间。

c）试验条件：镜头焦距：50mm

前置滤光片半高宽：2.1nm

中心波长：557.7nm

曝光时间：3s

增益：250

探测器工作温度：-65℃

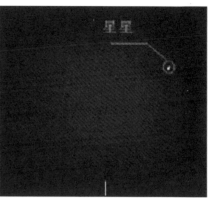

图 2.5.10　探测器室外测试

2.5.3　气辉系统探测能力预算及仿真分析

2.5.3.1　窄带滤波仿真分析

在此我们采用将窄带滤光膜和 F-P 干涉仪相结合，可实现更高光谱分辨率的窄带滤光。

根据设计的窄带滤光技术的性能指标如图 2.5.11 和图 2.5.12 仿真所示，可极大提高探测的对比度及信噪比。

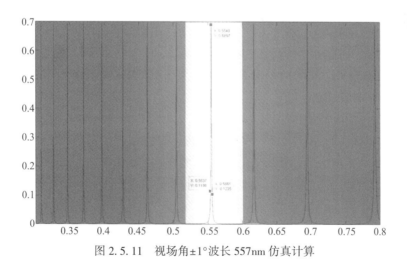

图 2.5.11　视场角±1°波长 557nm 仿真计算

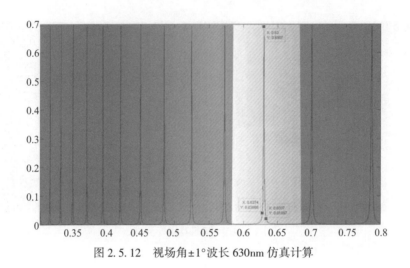

图 2.5.12　视场角 ±1° 波长 630nm 仿真计算

根据仿真分析结果可以看出，窄带滤波组件满足系统指标要求。

2.5.3.2　环境适应性分析

1. 热环境适应性

F-P 干涉仪是极其精密的光学组件，工作环境温度变化将导致系统窄带滤波中心波长发生飘移，会对系统产生十分不利的影响，因此我们对干涉仪进行了消热化设计与分析。

根据设计要求，我们初步确定了标准具各部件的材料、结合方式和安装结构，如表 2.5.1 和表 2.5.2 所示。

根据表中参数，对图 2.5.6 模型，采用的约束方式是整个镜筒的外圆位移约束为 0，采用的单元模型是 solid45。其网格划分模型如图 2.5.13 所示，采用的网格划分节点数为：219933。其质量为 2.07kg。

图 2.5.13　网格划分模型

（1）10℃温度变换。

计算当环境温度变化 10℃时的变形情况，标准具中核心部件两个平板玻璃内表面，其反射面通光口径的变形情况如表 2.5.4 和表 2.5.5 所示。

表 2.5.4　温度变化 10℃，标准具的变形情况

	X 向变形	Y 向变形	Z 向变形	总变形
变形（nm）	0.87×10^{-6}	0.88×10^{-6}	2.52×10^{-6}	2.81×10^{-6}

表 2.5.5　温度变化 10℃，标准具平板玻璃的变形情况

	X 向变形	Y 向变形	Z 向变形	总变形
变形（nm）	0.58	0.58	1.52	2.98

（2）标准具承受 3℃。

当环境温度变化 3℃时，计算标准具的变形情况（表 2.5.6 和表 2.6.7），包括标准具的变形情况，平板玻璃反射面的变形情况和固定两个平板玻璃间距的支持隔圈的变形情况，其中变形云图与温度变化 10℃时的变形云图相似，仅仅是数值上不同。

表 2.5.6　温度变化 3℃，标准具的变形情况

	X 向变形	Y 向变形	Z 向变形	总变形
变形（nm）	0.26×10^{-6}	0.24×10^{-6}	0.79×10^{-6}	0.87×10^{-6}

表 2.5.7　温度变化 3℃，标准具平板玻璃的变形情况

	X 向变形	Y 向变形	Z 向变形	总变形
变形（nm）	0.157	0.157	0.45	0.52

结论：经对标准具初步模型的热分析，在温度变化 10℃时标准具平板轴向变形量为 2.81×10^{-6}nm，温度变化 3℃时轴向形量为 0.87×10^{-6}nm，标准具平板玻璃的面型变化量为 0.52nm。

2. 振动环境适应性分析

由于气辉信号极其微弱，系统为微弱信号探测，为了提高信噪比，需要较长时间曝光，630nm 需要约 80s，这就对周边振动环境提出了较高要求。

为了减少振动对系统调制传递函数（Modulation Transfer Function，MTF）的影响，根据光学系统的要求，MTF 下降 50%要求物面在像面成像漂移小于 1/2 像元，我们选用的探测器像元尺寸为 16μm，系统分辨率为 0.004 弧度，等于 0.23°，所以为了减少振动对系统 MTF 的影响，我们取 85%的安全裕度，要求周边环境对系统的影响小于 0.23×0.5×（1−85%）＝ 0.0173°/s。

2.5.4 气辉探测系统实验室标定

根据项目合同指标要求，开展气辉探测系统实验室标定方案的研究工作。通过查找国标、权威计量检测标准以及与计量检测单位沟通，确定检测标定方案。检测标定的内容包括：

（1）工作波段：540～640nm

（2）观测波长点：557.7nm，630nm

（3）视场角：>90°

（4）相对孔径：1/2.8

（5）全视场畸变：小于67%

2.5.4.1 工作波段

1. 标定原理

依照《光学计量》（原子能出版社，2002 年，国防科工委科技与质量司组织编写）。

由于地基气辉光电探测原理样机的工作谱段是由光学镜片透过谱段、CCD 光谱响应范围限定的，因此用光栅光谱仪检测光学镜片透过谱段，再根据 CCD 光谱响应范围确定地基气辉光电探测原理样机的工作谱段。

2. 标定程序

用光栅光谱仪标定标准白光光源经过地基气辉光电探测原理样机（不包括滤光片）的光谱谱线。

3. 标定结果

经实验室标定，地基气辉光电探测原理样机的光谱透过率曲线如图 2.5.14 所示，在工

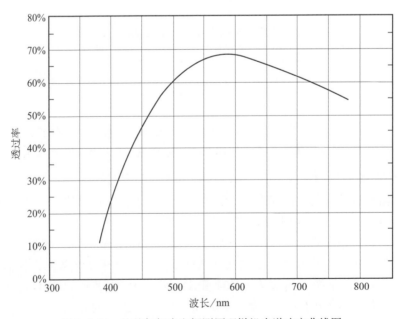

图 2.5.14　地基气辉光电探测原理样机光谱响应曲线图

作波段 540～640nm 范围内，光学系统透过率达到 60% 以上，表明系统工作波段满足技术考核指标。

2.5.4.2　工作波长点

1. 标定原理

依照《光学计量》（原子能出版社，2002 年，国防科工委科技与质量司组织编写）。

由于地基气辉光电探测原理样机的观测波长点是由系统滤光片的透过谱线范围限定的，因此用光栅光谱仪标定滤光片的光谱透过率确定地基气辉光电探测原理样机的观测波长点，标定装置如图 2.5.15 所示。

图 2.5.15　波长点、半高宽标定装置

2. 标定程序

（1）用光栅光谱仪标定标准白光光源经过地基气辉光电探测原理样机（557.7nm 滤光片）的光谱谱线；

（2）用光栅光谱仪检标定准白光光源经过地基气辉光电探测原理样机（630nm 滤光片）的光谱谱线。

3. 标定结果

经实验室标定，557.9nm 和 630nm 波长点的光谱曲线如图 2.5.16 所示，实际检测观测波长点分别为 557.9nm 和 630.1nm，与预期结果数据的偏差分为 0.2nm 和 0.1nm。误差为：0.036% 和 0.016%，满足指标要求。

2.5.4.3　视场角

1. 标定原理

依照 GBT—1098702009（中华人民共和国国家标准：光学系统—参数的测定）。

装置图如图 2.5.17 所示。将地基气辉光电探测原理样机安装在精密数显转台回转中心，并使用相机对准平行光管，转动精密数显转台，使平行光管目标落在地基气辉光电探测原理样机视场的一侧，从转台读取角度值 A，再向相反方向转动精密数显转台，使目标落在地基气辉光电探测原理样机视场的另一侧，从转台读取角度值 B，两角之差即为地基气辉光电探

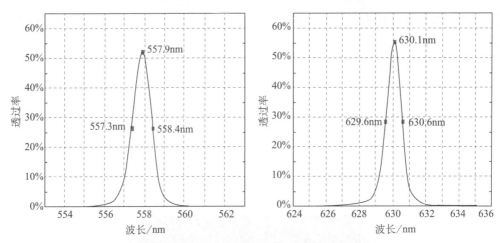

图 2.5.16　557.9nm 和 630nm 波长点的光谱曲线

图 2.5.17　视场角标定装置

测原理样机的水平方向视场角。再将地基气辉光电探测原理样机翻转 90°按照上述方法标定俯仰方向的视场角。

2. 标定程序

（1）将地基气辉光电探测原理样机安装在精密数显转台上；

（2）转动精密数显转台，使平行光管目标落在地基气辉光电探测原理样机视场的一侧，从转台读取角度值 A；

（3）再向相反方向转动精密数显转台，使目标落在地基气辉光电探测原理样机视场的另一侧，从转台读取角度值 B；

（4）计算地基气辉光电探测原理样机的水平方向视场角；

（5）步骤同上，计算地基气辉光电探测原理样机的垂直方向视场角。

3. 标定结果

经实验室标定，水平实测视场角为 120°，垂直视场角为 120°，大于 90°，表明满足系统指标要求，如表 2.5.8 所示。

表 2.5.8　视场角实测数据

水平顺时针	61°	垂直顺时针	62°
水平逆时针	59°	垂直逆时针	58°
水平视场角	120°	垂直视场角	120°

2.5.4.4　相对孔径

1. 标定原理

依照 GBT—1098702009（中华人民共和国国家标准：光学系统—参数的测定）。

相对孔径测量原理如图 2.4.18 所示，标定装置如图 2.5.19 所示。

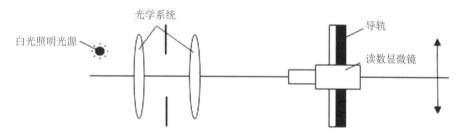

图 2.5.18　相对孔径测量原理图

图 2.5.19　相对孔径标定装置

相对孔径计算如下：

$$1/F = D_0/f \qquad\qquad (2-13)$$

式中，D_0 为光学系统的入瞳直径，单位 mm；f 为光学系统焦距，F 为光学系统的 F 数。

2. 标定程序

（1）光学系统前安置带有刻度尺的导轨，其方向垂直于光学系统的光轴；

（2）导轨上放置测量显微镜，调节其光轴与光学系统光轴重合；

（3）靠近光学系统放置光源，照亮孔径光阑表面；

（4）沿导轨移动读数显微镜，测试入瞳直径 D，填入原始数据；

（5）按照步骤（4）测试三次，并计算其平均值 D_0；

3. 标定结果

所用平行光管焦距 $f = 300.96$mm，波罗板的间距 $x = 20.008$mm。

表 2.5.9　波罗板像距 x' 的测试数据

读数显微镜测量值（mm）			测量平均值（mm）
1	2	3	
0.26	0.27	0.27	0.267

根据公式 $\beta = \dfrac{f}{x} = \dfrac{x'}{f'}$ 得到地基气辉光电探测原理样机光学系统的焦距 $f' = 4.02$mm。

表 2.5.10　光学系统入瞳直径 D 的测试数据

读数显微镜测量值（mm）			测量平均值（mm）
1	2	3	
1.43	1.42	1.44	1.43

根据公式 $1/F = D_0/f$ 可计算出：$F = 2.81$。

光阑的理论值为 1.43mm（焦距 4 除以 F 数 2.8），加工误差 ±0.02mm，即光阑值范围 1.41～1.45，则计算出的相对孔径值范围 1/2.84～1/2.76。1/2.81 在这个误差范围内，因此满足系统指标要求。

2.5.4.5　全视场畸变

1. 标定原理

依照《光学计量》（原子能出版社，2002 年，国防科工委科技与质量司组织编写）。

用目标图案板测量地基气辉光电探测原理样机的畸变。目标图案板是一块等间距分布的垂直和水平的线条组成的网格图案，称之为网格板。

测量时，网格板置于地基气辉光电探测原理样机的物平面上，光轴垂直于图案板，并通过图案的对称中心。这样网格板上各个目标给出了不同视场的物高 y_{ow}，通过高斯光学公式可计算理想像高 y'_{ow}。利用地基气辉光电探测原理样机拍摄网格板图像。将拍摄的网格板图像通过软件进行畸变校正，对校正后的图像取一系列的参考点，根据像素位置计算所成像的实际高度 y'_w，由于物镜系统存在畸变，各个视场的横向放大率 $\beta = y_w / y_{ow}$。像平面上对应各视场角的对应放大率 β 将不再是常数。

地基气辉光电探测原理样机的相对畸变为：

$$q_w = (y_{ow} - y'_{ow}) / y'_{ow} \times 100\% \qquad (2-14)$$

2. 标定程序

（1）目标图案置于地基气辉光电探测原理样机的物平面上，光轴垂直于图案板，并通过图案的对称中心；

（2）使用地基气辉光电探测原理样机对网格板成像；

（3）通过软件进行图像修正；

（4）以中心点为原点，沿水平正方向定为 0° 方向，在 0° 方向上取一系列点，根据公式（3）计算畸变；

（5）重复步骤（4），沿顺时针方向计算 45°、90°、135°、180°、225°、270°、315° 畸变。

3. 标定结果

实验拍摄图片如图 2.5.20 所示，计算数据见表 2.5.11。

图 2.5.20　拍摄网格纸图像

表 2.5.11　畸变实测结果

		X 坐标	Y 坐标	距离 D	相对畸变绝对值	畸变上限值
基准点		256	256	0	0%	67%
0°方向	参考点 1	306	256	50	0.00%	67%
	参考点 2	349	256	93	7.00%	67%
	参考点 3	385	256	129	14.00%	67%
	参考点 4	415	257	159.003	20.50%	67%
	参考点 5	437	257	181.003	27.60%	67%
45°方向	参考点 1	306	210	67.9412	3.90%	67%
	参考点 2	344	171	122.348	13.47%	67%
	参考点 3	373	144	161.966	23.64%	67%
	参考点 4	393	125	189.552	32.97%	67%
	参考点 5	405	112	207.212	41.38%	67%
90°方向	参考点 1	256	208	48	4.00%	67%
	参考点 2	257	165	91.0055	8.99%	67%
	参考点 3	258	129	127.016	15.32%	67%
	参考点 4	258	100	156.013	21.99%	67%
	参考点 5	259	80	176.026	29.59%	67%
135°方向	参考点 1	209	209	66.468	6.38%	67%
	参考点 2	171	170	120.917	14.85%	67%
	参考点 3	143	141	161.227	24.31%	67%
	参考点 4	124	122	188.096	33.77%	67%
	参考点 5	111	109	206.48	41.84%	67%
180°方向	参考点 1	209	256	47	6.00%	67%
	参考点 2	156	256	100	0.00%	67%
	参考点 3	128	257	128.004	25.16%	67%
	参考点 4	98	257	158.003	21.00%	67%
	参考点 5	75	257	181.003	27.60%	67%
225°方向	参考点 1	208	304	67.8823	4.39%	67%
	参考点 2	169	345	124.459	12.35%	67%
	参考点 3	139	375	166.883	21.65%	67%
	参考点 4	119	396	195.88	31.03%	67%
	参考点 5	105	410	215.678	39.25%	67%

续表

		X 坐标	Y 坐标	距离 D	相对畸变绝对值	畸变上限值
基准点		256	256	0	0%	67%
270°方向	参考点 1	256	305	49	2.00%	67%
	参考点 2	256	350	94	6.00%	67%
	参考点 3	256	389	133	11.33%	67%
	参考点 4	256	419	163	18.50%	67%
	参考点 5	256	442	186	25.60%	67%
315°方向	参考点 1	304	307	70.0357	4.31%	67%
	参考点 2	344	345	125.16	13.84%	67%
	参考点 3	373	375	166.883	23.96%	67%
	参考点 4	393	398	197.314	33.26%	67%
	参考点 5	406	411	215.697	41.63%	67%

在各测量方向上的最大相对畸变为 41.84%，小于 67%，表明满足系统指标要求。

2.5.5　原理样机的检测

为了确保地基气辉光电探测原理样机的各项指标客观公正，我们委托具有相关资质的华东电子测量仪器研究所光电计量校准中心（国防科技工业光电子一级计量站）进行第三方测试。

华东电子测量仪器研究所光电计量校准中心的光学暗室满足了测试所需的环境条件，相关测试设备平台提供了测试所需的技术条件，为系统样机的验收提供了可靠的测试数据。

表 2.5.12　检测结果表

序号	检测项目	技术要求	检测结果	检测结论	备注
1	工作波段	540～640nm	540～640nm	合格	
2	观测波长点	557.7nm、630nm	557.9nm、630.1nm	合格	
4	视场角	不低于 90°	水平视场角 120° 垂直视场角 120°	合格	
5	相对孔径	1/2.8	1/2.81	合格	光阑的理论值为 1.429mm（焦距 4 除以 F 数 2.8），在不影响成像质量的前提下，通过光学分析确定的机械加工公差为 ±0.02mm，即光阑值范围 1.409～1.449，则计算出的相对孔径值范围 1/2.838～1/2.760
8	全视场畸变	小于 67%	小于 41.84%	合格	

第3章　高精度测氢仪器观测原理与仪器研制

当前国内外广泛采用的地震短临监测方法是利用地球排气现象与构造活动之间的关系进行预测地震，研究地表自由逸出气体、溶解于水或吸附于土壤中气体浓度的变化是现代地球动力学的重点研究方向之一，也是揭示强地震动力过程与可能地震前兆异常的主要技术途径之一。

3.1　地震与氢气观测

氢气（H_2）、汞（Hg）、氡（Rn）、氦（He）、二氧化碳（CO_2）、甲烷（CH_4）、氮气（N_2）、氩气（Ar）和其他挥发性气体在地震之前往往会出现浓度异常，表现为气体浓度突发性升高、异常幅度大以及异常时间短等特点，这些特点对地震短临预测具有重要意义。利用高灵敏的气体观测技术可以捕捉到这些气体浓度的异常变化，从而为地震预测提供科学的、全面的数据依据。

氢（H）是化学元素周期表中位于第一位的元素。氢原子的半径为 0.046nm，较 H_2O、CH_4 等小 6～8 倍。氢的原子量为 1.0079，为第二轻的元素 He 的 1/4，其单质为氢气（H_2），是无色、无味、无臭的气体，比空气轻 13.3 倍，较氡（Rn）与汞（Hg）轻 200 多倍。氢气具有粒子半径小，质量轻，迁移速度快，在 0℃ 时，在重力作用下，其分子的运动速度可达 1.09km/s，失重状态下可高达 11km/s；粘滞性小，穿透力强，可以穿透金属；溶解度在常温常压下较低。在自然界中，罕见纯氢气，多与其他气体如 CH_4、H_2O、He、CO_2、N_2 等以混合态形式存在，其浓度常用 H_2 在混合气体中所占体积百分比（%）表示或用 ppm 表示，二者的关系为 $1ppm=1\times10^{-4}\%=1\times10^{-6}$。

大气中的 H_2 含量很低，稳定在 0.5～1ppm。据资料报道，地壳中 H_2 主要分布在 5～8km 深度范围内，地壳气体中 H_2 的浓度较大气中的浓度高出几千乃至几万至几十万倍。地壳中的 H_2 主要来源于生物化学作用与化学作用。地壳表层的 H_2 主要是由微生物分解有机物与矿物盐类而产生的，这类氢气常与 CH_4、CO_2 等气体共生。而地壳深层的 H_2，主要来源于高温高压下岩石的变质作用，例如，基性岩（如玄武岩）或超基性岩（如橄榄岩、辉岩）在中低温条件下热液蚀变并蛇纹石化，可以产生大量的 H_2，Klein 等给出了以下相关的化学反应式，即：

$$2FeO+H_2O\rightarrow Fe_2O_3+H_2\uparrow$$

地壳断裂带内，尤其是活动断裂带中的 H_2，还来自岩石受力变形破坏作用，一方面岩石受力破坏时，可直接释放出矿物晶格中的 H_2，另一方面被粉碎的岩石细颗粒与水之间发生化学反应而生成 H_2，如硅酸盐类岩石被破坏时，其矿物中 Si-O-Si 结合键被破坏，产生了 Si 与 Si-O 自由基，此时 Si 与 H_2O 作用并产生 H_2，如：

$$Si+2H_2O \rightarrow SiO_2+2H_2 \uparrow$$

　　地壳表层 H_2 的分布很不均一。H_2 主要沿现代火山活动区与深大断裂带聚集并释放，如日本学者实测的中央构造断层带上盘几米范围内 H_2 浓度可达 $100 \sim 1000$ppm，山崎断裂带上高达 30%。研究表明，地壳逸出的 H_2、特别是断裂带溢出气中 H_2 形成的机理归纳为三种类型：①地壳下层的塑性岩石在断层错动过程中会产生 H_2，如蛇纹岩或硅酸岩裂隙和破裂面容易发生水岩反应直接产生 H_2；②源于地壳深部岩石孔隙、裂隙中被封存的 H_2，随着断裂带岩石中裂隙的连通和孔隙压力的增大，会导致 H_2 经裂隙向上运移，溢出地表，使地下水及土壤气中的 H_2 浓度升高；③地震孕育过程中，特别是临震破裂阶段，岩石膨胀产生超声波振动，可释放岩石孔隙、裂隙中封存的 H_2。因此断裂带内的 H_2 浓度可以反映断裂带的活动程度。

　　断裂带 H_2 观测及其与地震活动的关系研究已有 40 多年的历史，近年来的研究表明，地下 H_2 浓度的变化对地震的反应较为灵敏，特别是在短临阶段的映震能力明显优于其他测项，如 Rn、Hg、He、CO_2 等。

　　1980 年，日本杉崎和胁田等人发现在断层及附近的地下水和断层气中 H_2 浓度发生变化，能反映与地震的关系。他们在山崎断层（位于日本西南中央部，呈北西-南东走向线状延伸，总长度达 80km，深度 $0.5 \sim 1.0$m 土壤气中，发现 H_2 的浓度高于断层两侧的 H_2 浓度的 5 个数量级。在 1982 年 5—7 月中，迹津川断层的天生 5 号点 H_2 的释放达 7000ppm；6 月 27 日至 7 月 7 日，在天生以东的迹津川断层连续观测时，发现 H_2 浓度高达 6000ppm。1983 年 5 月 26 日，当离天生观测点 486km 处的日本海中部发生 M_S7.7 地震时，在相近的 5 个测点上都观测到 H_2 浓度的明显增高。

　　1980 年 12 月起，美国的地震学家 Sato M. 等在加利福尼亚的圣安德烈斯和卡拉韦拉斯断层上连续监测了 9 个取样点 1.5m 深处的 H_2 浓度。1982 年 6 月至 1983 年 11 月，在圣安德烈斯断层的测点上记录到 H_2 浓度从 1000ppm 到 4000ppm 大幅度的变化，与该时期科灵加附近发生的 11 次 $M_S \geqslant 5$ 的地震有关。

　　中国早在 20 世纪 70 年代就已开展断层带井（泉）水中 H_2 的定时取样观测，如在 1976 年 11 月 5 日天津宁河 6.9 级地震前在距离震中约 130km 的北京光华染织厂热水井中观测到显著的 H_2 浓度异常，H_2 浓度从 0.014% 剧增到 0.018%，较正常值高 40 倍左右，震后 4 个月降低至正常值范围。1981 年 8 月 13 日内蒙古丰镇 5.8 级地震前 2 小时，离震中 270km 的北京栏杆市井热水孔中溶解的 H_2 浓度突升至 30 倍左右，震后 1 个月基本恢复正常。1986 年，兰州所在阿尔金的阿克赛长草沟断层进行断层气体连续观测试验，发现 H_2 浓度的两次突跳与 8 月 26 日门源 6.4 级地震和 9 月 17 日门源 5.7 级地震相对应。之后，在 1987—1989 年观测期间，甘肃西部的 5 次 4.5 级以上地震前均观测到 H_2 浓度的异常变化。1987 年 9 月 12 日张掖西武当 4.5 级地震，离震中约 510km 的长草沟观测点，震前 H_2 浓度大幅度升高，异常持续时间 9 天，震后恢复正常；1988 年 11—12 月在肃南先后发生了 3 次 5 级左右的地震，震前十八里堡观测点，H_2 临震突变很明显。1989 年 9 月 21 日的肃北 4.9 级地震，十八里堡观测点（离震中相距 520km）的 H_2 测值于 9 月 17—19 日连续上升，19 日上升幅度为 105%。9 月 21 日肃北地震发生时 H_2 测值已恢复正常。

多年震例总结显示，在无震期断层气 H_2 的测值都在较小范围内波动变化。地震发生前 H_2 浓度异常特征通常表现为高值异常且异常持续时间短，变化幅度大。因此，H_2 是地震前兆反映和预报效果都较好的项目，被称为是地震前兆的"灵敏因子"，其震前异常表现为 H_2 浓度变化幅度大，临震异常突出，反映距离远的特点，如 5 级左右的地震反映范围可达 500 多千米。

3.2　痕量氢观测技术研究现状

从气体的物理性质、室内外模拟试验及许多观测资料与实践检验上研究分析，认为 H_2 是对地震反应最灵敏的气体组分之一。虽然，断层气 H_2 在短临预报中的应用起步较晚，原理和方法尚在探索中，但这种观测项目以实用、易探测、快捷、价廉等优点，受到地震界的广泛重视，显示了广阔的前景与巨大的潜力。以往一般利用气相色谱仪进行 H_2 浓度分析，但其检出限一般 ≥1ppm（10^{-6}），而一般水中溶解气或土壤中的 H_2 浓度的背景值为 0.5×10^{-6}，甚至更低，导致观测数据精确度无法满足地震短临监测要求，且取样与测试技术较为复杂，只能在专门的实验室进行，同样不能满足地震野外探测的要求。国内外为此也专门研发了一些测氢仪，如在国外研制出以半导体陶瓷气体传感器为核心的测氢装置，其检出限在原有基础上有所提高，最高可到 0.1ppm，曾试图专门用于地震前兆监测，但仍未能摆脱现场取样后送室内测试的工作模式，未能在台站上得到应用。20 世纪 80 年代，中国研发出 QDS-A 型气敏仪，但是不适合地震观测；20 世纪 90 年代，我国地震部门也曾研发出可在地震台站连续观测用的测氢仪，但其检出限不够，稳定性较差，经少数台站试用，没有进行推广应用。由此可见，应用在地震监测上的测氢技术几十年来一直未取得突破性进展。

为提高地震短临预测的科学性、准确性和减灾实效，发展数字化网络化的痕量 H_2 观测技术显得格外重要。目前地震氢观测技术遇到的主要科学问题是：

（1）地壳中逸出地表的氢气正常动态背景比较低，而发生异常时的浓度变化往往为几十倍甚至上百倍，因此要求地震氢观测仪器既要满足在地壳活动时观测到高浓度的异常变化，又需要在构造稳定时期观测到低浓度的正常动态，而这种观测量程可以达到 6 个数量级以上，检出限要低于空气测量背景值 0.5ppm。

（2）地壳活动引起的地表逸出氢浓度变化一般时间较短，要获得准确可靠的前兆信息不仅需要稳定的长期观测周期，也需要反应迅速灵敏的检测技术，避免实验室送检操作中人为误差的引入，应通过自动化检测和网络监测确保监测结果的实时性和准确性。

（3）地震观测点处于野外，条件恶劣，溢出气较为复杂，不仅含有 H_2，还含有浓度远高于氢浓度的烷烃类气体，因此观测仪器要适应于高温、高湿、以及干扰气体等严苛环境。

综上所述，解决地震观测中痕量氢检测的大量程、高灵敏度、高稳定性以及抗干扰能力问题，就成为地震氢观测需要攻克的技术难点和关键问题。

3.3　高灵敏度氢传感器的研究现状

传感技术可以把各类非电量信息转换成电信号进行远距离传输，其测量范围已大大超过人类所能感知的，成为人类获取定量信息的高技术工具。传感器技术已被许多工业发达国家列为现今和未来科学研究与技术开发规划中的首要战略重点，把它视为提高和增强国家经济实力和综合国力的"国家关键技术"，给予高度重视，并制定国家级的发展计划。高灵敏的传感器体积小巧、轻便、低功耗、适应高压、高湿等恶劣的工作环境。同时，可以将不同的传感器集成在一个芯片上，从而在一台仪器上同时测定多种化学物质和多个其他参数；还可以把电信号转换成数字信号，与计算机相连，直接进行数据传输、处理。鉴于这些优点，使得传感技术成为目前地震短临监测预报中重点关注的研究方向之一。

H_2 检测方法有气相色谱法、质谱法、热传导法以及气敏传感器法。气相色谱法仪器设备造价高，对运行环境要求高，且需取样分析，不适应于野外在线观测。热传导法是基于不同气体具有不同的热导率以及混合气体热导率随其被测成分含量变化这一物理特性进行工作的。现行的基于热传导法的气体分析仪器由于需要建立温控系统和恒温环境，不能实现在线以及野外使用。

3.3.1　氢敏传感器

随着微机电系统（MEMS）的发展，气敏传感器逐渐成为氢检测技术的主要方式。气敏传感器具有选择性好、灵敏度高、响应速度快、能耗低、稳定性好、制作工艺简单且易集成化的优点，使气敏传感器作为测氢仪的主要部件，不仅减小了仪器的体积，而且可以实现测氢仪的在线和便携式使用，极大地拓宽了测氢仪的应用范围。

气敏传感器的核心部件就是气敏元件。H_2 作为自然界最简单的单质，对其敏感的材料也比较多，作为氢传感器的主体材料有金属系、金属氧化物系、有机高分子系和固体电解系这四大类。目前，比较常见的氢敏材料主要为金属氧化物，如 SnO_2、WO_3、ZnO 等 n 型半导体材料，以及贵金属，如 Pt、Pb、Ni 等具有催化作用的金属材料。根据气敏元件本身的工作特性不同，分为半导体式、固体电解质式、接触燃烧式、热电式和光学式等氢敏传感器。

半导体气体传感器是采用金属氧化物或金属半导体氧化物材料，与气体相互作用时产生表面吸附或化学反应，引起以载流子运动为特征的电导率或伏安特性或表面电位变化，根据其气敏机制可以分为电阻式和非电阻式两种。电阻式半导体气体传感器主要是指半导体金属氧化物陶瓷气体传感器，是一种利用金属氧化物薄膜（诸如 SnO_2、ZnO、Fe_2O_3、TiO_2 等）制成的阻抗器件，其电阻会随着气体含量的不同而发生变化。该类型传感器具有成本低廉、制造简单、灵敏度高、响应速度快、寿命长、对湿度敏感低和电路简单等优点。不足之处是必须处于高温下工作、对气体的选择性差、元件参数分散、稳定性不够理想、功率要求高。非电阻式半导体气体传感器包括 MOS 二极管式、结型二极管式以及场效应管式（MOSFET）半导体气体传感器。其电流或电压随着气体含量而变化，主要检测氢和硅烷气等可燃性气体。该类气体传感器灵敏度高，但制作工艺比较复杂，成本较高。

自 20 世纪 60 年代，金属氧化物半导体气体传感器研制成功，其灵敏度较高，可满足泄漏检测、报警、分析、测量等方面的应用。此外，这种传感器具有结构简单、不需要放大电路、使用方便、价格低廉等优点。金属氧化物半导体气敏器件凭借这些优点，得到了迅速的发展，占据了气敏传感器的半壁江山。但是金属氧化物传感器通常响应时间偏长，操作温度较高，且由于使用中易产生电火花，有引起爆炸的可能，因此使用范围受限。

热电型 H_2 传感器由 1/2 膜面上覆盖有催化金属的热电材料膜构成，当传感器暴露在含还原性的空气中时，在催化金属的催化作用下，还原性气体与氧气反应放出热量，使覆盖有催化金属的膜面升温，与无催化金属覆盖的另一半膜面形成温差，热电材料将温差转换为电信号进行检测。热电型氢敏材料中选用的催化金属多为 Pt 和 Pd，对 H_2 具有专一性，直接将温差转换为电信号，不需要外加电力，能耗低，适于与 Si 基体集成。催化剂和热电材料是热电型氢气传感器的重要组成部分，催化剂和热电材料的性能决定了传感器的性能。常用的热电材料包括无机热电材料（如 NiO、SiGe 等）和有机热电材料（如 PVDF、PTFE 等）。

电化学型气体传感器可分为原电池式、可控电位电解式、电量式和离子电极式四种类型。电化学型气体传感器的优点是检测气体的灵敏度高、选择性好，可在 100℃ 以下使用，但其受环境湿度影响较大，各个器件间测量出的电位差有时并不完全一致，且寿命短，易在高浓度气体冲击下失效，甚至会发生电解液泄漏导致设备腐蚀等问题，此外当长期不接触 H_2 时，材料的氢敏响应时间会下降。

接触燃烧式气体传感器可分为直接接触燃烧式和催化接触燃烧式，其工作原理是气敏材料（如 n 电热丝等）在通电状态下，氢气氧化燃烧或在催化剂作用下氧化燃烧，电热丝由于燃烧而升温，从而使其电阻值发生变化。首先，这种传感器其典型应用为进行浓度为 4.0% 以下的氢气检测，环境适应能力极强，其工作环境温度变化范围为 -20～70℃，工作环境气压变化范围为 70kPa～130kPa，工作环境湿度变化范围为 5%～95%，适用于石油化工厂、造船厂、矿井隧道和浴室厨房的可燃性气体的监测和报警。但是这种传感器的检测对象并不单一，其不仅能够对氢气含量进行检测，而且也会对其他易燃性气体（例如碳氢化合物和一氧化碳）发生响应，这样当待测气体中混合有氢气和其他可燃气体时，其测量效果往往很差。其次，接触燃烧式气体传感器测量效果也经常受到所处环境中的"抑制剂"的影响，这些"抑制剂"往往比氢气更容易被铂吸收，从而覆盖了起催化作用的铂的部分表面，使检测效果变差。常见的"抑制剂"包括有机硅以及含磷化合物，即使环境中这些化学物质的含量很低，也会导致传感器性能的永久性下降。第三，传感器功耗较大且需以 5%～10% 的氧气作为载气。因此，成熟的微型燃烧型氢气传感器尚在研究阶段。

光纤氢气传感器由于使用光信号而不是电信号，适于在危险环境中使用，并得到了广泛的研究和应用。光纤氢气传感器大都采用金属 Pd 及其合金作为敏感材料，对氢气具有良好的选择性。光纤氢传感技术是通过光纤技术测量薄膜的透射率、反射率等物理参数的改变实现对氢气体积分数的检测。到目前为止，发展最好、研究最为广泛的是微镜型传感器和光纤光栅型传感器，例如：在欧洲火箭 ARIANEV 的低温发动机上探测氢泄漏应用的就是微镜型光纤传感器。光纤氢敏传感器结构十分简单，设计难度小，制作工艺简单，成本非常低。此外，光学型传感器有很多优势：首先，采用光信号而不是电信号进行检测，并且可以通过光纤将光信号传输至距离测量现场较远的地方进行处理，非常适合于在易燃易爆环境中进行氢气检测。其次，与其他类型传感器相比，传感器不易受到电磁干扰。另外，这种传感器适用于大范围分布式测量。但是光学氢敏传感器功耗较高，输出信号非常弱，需要放大的倍数非常高，此外光纤材料与氢敏材料之间的界面结合力较差，使用寿命较短。因此，光学型传感器朝着微型化及高灵敏度方向发展。

3.3.2　氢敏传感器机理

1. 固态电解质电化学传感器

固态电解质电化学传感器元件由三部分构成：参比电极，固体电解质和氢敏电极。其基本构型如图 3.3.1 所示。其氢敏机理包括氢的氧化和氧的还原，当参比电极电势固定时，元件电动势与氢分压对数成线性关系：

$$E = E_0 + b \cdot \lg P_{H_2} \qquad (3-1)$$

$$E_0 = a' - E_{\text{参}} \qquad (3-2)$$

其中，E（mV）表示元件电动势，$E_{\text{参}}$（mV）表示参比电极电动势，a' 是常数，贵金属 Pt 或 Pd 为敏感电极时，b 值在 $-90 \sim -140$mV 之间，与 -116mV 相近。可见，作为氢敏元件，其灵敏度较高。

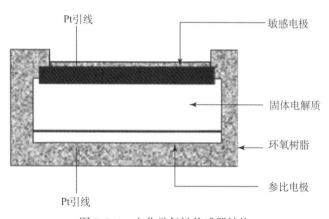

图 3.3.1　电化学氢敏传感器结构

2. 光纤氢敏传感器

光学型传感器根据检测原理分为：微镜型光纤传感器、表面等离子体共振（SPR）型光纤传感器、光纤光栅（FBG）型光纤氢气传感器以及干涉型光纤氢气传感器等。

（1）干涉型光纤氢气传感器，利用干涉仪测量相位的变化量，当镀有氢敏材料的光纤与氢气接触时，使光纤发生径向和轴向畸变，使两条光路的光程发生改变，通过对干涉条纹进行测量得到氢气浓度。图 3.3.2 为其检测原理图。以镀 Pd 光纤作为 Mach-Zehnder 干涉仪的信号臂，通过检测光的相位变化即可间接得到氢气浓度。理论上，这种传感器应具有很多优点，即灵敏度高、重复使用性好、响应速度快、累积误差小，同时还可以通过控制信号臂的长度来控制它的灵敏度。但是制作这种传感器结构较复杂，并且基于这种原理的装置只能测量动态变化，很难测量其绝对值。另外，干涉型光纤氢气传感器受温度的影响很大，不够稳定，在实际测量中会存在很多误差，所以这种方法实际上很难应用于氢气浓度的检测。

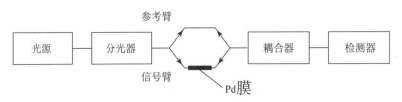

图 3.3.2　干涉型光纤氢气传感器检测原理图

（2）微镜型光纤传感器，即在单模或多模光纤的尾端蒸镀一层 Pd 或者 Pd 合金膜（Pd 膜厚度约为 10～50nm），利用钯膜和氢气接触时，折射率发生变化测量氢气浓度。LD 光源发出的光经耦合器一端进入，注入光纤的光在敏感元件（钯膜）上产生反射，经敏感元件反射后再经耦合器进入光检测装置。Pd 膜吸氢后，发生可逆反应生成氢化钯，此时薄膜的反射率将发生变化，于是引起输出光强信号的变化，通过检测接收端的光信号可实现对氢气浓度的测量。测量原理图如所 3.3.3 所示。目前这类传感器原理相对简单，发展得也比较成熟，解决了安全、工作温度等问题，也可实现远程监控，具有较高的灵敏度和较快的响应速度。

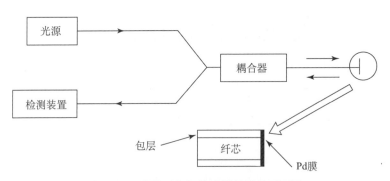

图 3.3.3　微镜型氢气传感器的测量原理图

（3）光纤光栅型光纤氢气传感器结构简单，利用 Pd 膜与氢反应光纤体积膨胀，使布拉格光栅栅距变大，进而导致布拉格光栅的反射光波长发生变化测量氢浓度，其测量原理图如图 3.3.4 所示。利用高强度紫外光源照射将光栅制作在纤芯上。光纤光栅利用光敏性，即外界入射光子和纤芯内锗离子相互作用引起的折射率永久性变化，在纤芯内形成空间相位光栅，其作用的实质是在纤芯内形成一个窄带的滤光器或反射镜，将与光纤光栅波长具有相同波长的光反射回来。光纤光栅的布拉格波长公式为：$\lambda = 2n_{\text{eff}}\Lambda$，式中，$n_{\text{eff}}$ 为光纤的有效折射率，Λ 为光栅周期。当镀了膜的光纤光栅放于含有氢气的气体环境中时，吸收了氢的 Pd 膜由于膨胀引起拉伸效应，光纤光栅的周期与折射率改变。由于产生的张力大小与氢气的浓度有关，通过测量光纤光栅的反射光波长可以确定这一张力的大小，进而确定氢气的浓度。

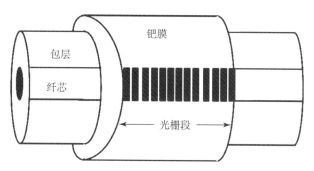

图 3.3.4　光纤光栅型光纤氢气传感器结构

（4）表面等离子体共振（SPR）型光纤传感器，利用光纤中消逝波及其所引起的金属表面等离子体波两者共振耦合来检测氢气的浓度。该型传感器是先在光纤上除去一部分光纤包层，然后在该处镀上一层设定厚度的 Pd 膜或者 Pd/WO$_3$ 混合膜（该层敏感膜作为传感介质）。当光在光纤中传输时，会在纤芯周围产生消逝波，这是一种趋向于迅速衰减的电磁波，其强度依径向位置成指数衰减。当敏感膜与氢气发生相互作用时，敏感膜折射率发生变化，从而影响了薄膜光学性能的变化，最终影响消逝波所激发的表面等离子波向量的改变，使反射光强度急剧下降。通过检测光强变化可以得到氢气浓度。检测原理如图 3.3.5 所示。

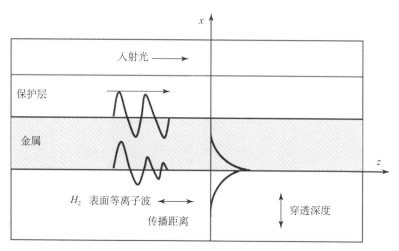

图 3.3.5　表面等离子体共振型光纤氢气传感器检测原理

3. 热电型氢敏传感器

热电型氢气传感器包含两组热电材料，其中一组热电材料表面沉积一层催化金属 Pt、

Pd 等，当暴露在含 H_2 环境时，在催化金属的作用下，H_2 与 O_2 发生反应并释放出热量，沉积有催化金属的热电材料温度高，为热端；没有沉积催化金属的另一端温度低，为冷端。根据热电材料的塞贝克效应（Seebeck Effect），将热端与冷端之间的温差转换为温差电势，以电信号的形势输出，可实现对 H_2 的检测。使用热电材料将温差转换为电信号，不需要外加辅助电源，能耗低，适于集成。催化剂和热电材料是热电型氢气传感器的重要组成部分，催化剂和热电材料的性能决定了传感器的性能。

4. 半导体氢敏传感器

金属氧化物半导体氢气传感器的工作原理：正常情况下，金属氧化物的薄膜层具有很高的电阻。当环境中存在氢气时，氢气与金属氧化物发生氧化还原反应，金属氧化物表面吸附的氧负离子与氢气发生反应释放出电子，薄膜电阻率降低，且电阻率的降低的程度随氢气浓度的增大而增大。金属氧化物半导体氢气传感器就是根据这一原理来检测环境中的氢气浓度。

其中，金属氧化物半导体气体传感器是利用金属氧化物半导体材料作为敏感材料，其具有很好的疏松性，利于气体的吸附，其响应速度和灵敏度都较好。以 SnO_2、ZnO、WO_3 为主的金属氧化物半导体氢气敏感材料传感器表现出稳定性高、结构简单、价格便宜、易于复合等特点，近年来该种氢气传感器得到了广泛的研究。金属半导体氧化物被加热后，空气中的氧就会从半导体晶粒的施主能级中夺走电子，在晶粒表面上吸附着负电子，形成各种状态的吸附氧离子（主要是带一个单位负电荷的 O'），同时在晶粒表面形成了一个宽为 L 的耗尽区，使表面电位增高，从而阻碍导电电子的移动。所以，气敏传感器在空气中为恒定的电阻值。当气敏传感器处于某种还原性气体（如：H_2、CO 等气体）环境中，还原性气体与半导体表面吸附着的氧发生氧化反应：

$$H_2 + O' = H_2O + e'$$

反应生成水和自由电子 e'，自由电子 e' 进入材料的导带，使得载流子增多，使得材料电导率升高，气敏传感器电阻的阻值减小。

根据气敏材料的导电机理，可以建立气敏传感器灵敏度 K 与气体浓度 Cg 的关系如：

$$K = \frac{R_s}{R_0} \tag{3-3}$$

式中，其 R_s 是一定条件下传感器在某气体浓度中的电阻值，R_0 是常温常压下传感器在空气中的电阻值。因此，可根据气敏传感器电信号变化特性的差异（或变化量的不同）来区别各种气体或气体浓度。

金属氧化物半导体气敏传感器所涉及的基体材料和催化添加剂的种类繁多，又都是多晶体的粉末状物质，其气敏过程还包括了气体在固态材料表面的吸附过程。暴露于大气中的 n 型氧化物半导体，如 SnO_2、ZnO 等，其表面总是吸附着一定量的电子施主（如氢原子）或电子受主（如氧原子），由此组成能与半导体内部进行电子交换的表面能级，并形成位于表面附近的空间电荷层。该表面能级相对于半导体本身费米能级的位置，取决于被吸附气体的亲电性。如果其亲电性较低（即还原性气体），产生的表面能级将位于费米能级的下方。被吸附分子向空间电荷区域提供电子而成为正离子吸附在半导体的表面。同时，空间电荷层内，由于电子浓度的增加，使电荷层的电导率也相应增加。反之，如果被吸附气体的亲电性较高（即氧化性气体），产生的表面能级，将位于费米能级的上方，这时，被吸附的分子从空间电荷区域吸取电子，而成为负离子吸附在半导体表面。同时，空间电荷层内，由于电子浓度的降低，使电荷层的电导率相应减少。因此，通过改变气体在半导体表面的浓度，空间电荷区域的电导率就可以得到调制。

n 型氧化物半导体如 SnO_2、ZnO 的导电载流子为电子，其表面电导率的变化 $\Delta\sigma_\xi$，可由下式给出：

$$\Delta\sigma_\xi = e\mu_\xi\Delta_{ni} \qquad (3-4)$$

式中，e 为电子电荷量，μ_c 为表面电子迁移率，Δ_{ni} 为表面载流子密度变化量。

在厚度为 ds 的空间电荷层内，Δ_{ni} 可通过积分来求得：

$$\Delta_{ni} = \int_0^{ds} \left[n(z)n_b \right] dz \qquad (3-5)$$

其中，n_b 为半导体内部载流子浓度，$n(z)$ 空间电荷层内载流子浓度。

对规则长方形的空间电荷层，其表面电导的变化为：

$$\Delta G_s = \frac{\Delta\sigma_\xi A_s}{L} \qquad (3-6)$$

式中，ΔG_s 为空间电荷层表面电导变化量，A_s 为半导体元件的截面积，L 为半导体元件的长度。

同样，对规则长方体的氧化物半导体元件，其内部电导 G_b 为：

$$G_b = \frac{en_b\mu_b A_s d}{L} \qquad (3-7)$$

式中，μ_b 为半导体内部电子迁移率，d 为半导体总厚度。

如果电子迁移率受氧化物半导体表面状态的影响极小，电子的表面迁移率与体迁移率相等，即 $\mu_b = \mu_s$，那么氧化物半导体的相对电导变化可由上述公式推导得出：

$$\frac{\Delta G_s}{G_b} = \frac{\Delta n_i}{n_b d} \qquad (3-8)$$

氧化物半导体气敏元件的相对电导变化 $\frac{\Delta G_s}{G_b}$，正是该元件的检测灵敏度。因此，由式

（3 - 8）可知，若要提高气敏元件的灵敏度 $\frac{\Delta G_s}{G_b}$，必须选用气敏材料本身含载流子密度低（很小）的氧化物材料，而且应该尽量降低元件厚度（d 很小）。而对已选定材料及确定构造的气体传感器（n_b 和 d 已经固定），其灵敏度则取决于单位浓度气体所能引入的氧化物半导体表面载流子浓度的变化量 Δn_i。

上述分析同样适用于 P 型氧化物半导体，只是 P 型氧化物半导体的载流子为空穴，还原性气体（电子施主）在其表面的吸附将导致空间电荷层表面的载流子密度减少。

在金属氧化物半导体中，应用最多的气敏材料是 SnO_2 以及 SnO_2 基半导体薄膜。因为它们在空气中有很好的稳定性，以及对各种气体、有机蒸汽均十分灵敏而被广泛应用于气敏传感器中。与其他金属氧化物半导体气敏材料相比，SnO_2 它具有以下特点：

（1）电阻阻值随被探测气体浓度具有指数变化关系。因此，SnO_2 器件非常适用于对微量、痕量等低浓度气体的探测。

（2）SnO_2 材料的物理、化学稳定性较好。与其他类型气敏材料器件（如接触燃烧式气敏器件）相比，SnO_2 气敏器件寿命长，稳定性好，耐腐蚀性强。

（3）SnO_2 气敏器件对气体探测是可逆的，而且吸附、脱附时间短，可连续长时间使用。

（4）器件结构简单，易于集成，成本低，可靠性较高，机械性能良好。

（5）对气体检测不需要复杂的处理设备。被探测气体浓度变化可通过器件电阻变化，直接转变为电信号，且器件电阻率变化大，因此，信号处理可不用高倍数放大电路就可实现。

比较 SnO_2、ZnO 等 10 种金属氧化物半导体对测试气体灵敏度，如表 3.3.1 所示。由表可知，SnO_2 对 H_2 具有较高的灵敏度（$R_0/R=5.6$），对 CH_4 和 C_2H_6 的灵敏度较低，且其本身电阻值较高（本身含载流子密度低，电阻值为 $1.0 \times 10^5 \Omega \times cm$），适合用于高灵敏度氢传感器的气敏材料。

表 3.3.1　各种氧化物半导体的感气特性

材料	类型	电阻值 ($\Omega \times cm$)	对气体的灵敏度 (R_0/R)		
			CH_4	C_2H_6	H_2
ZnO	n	6.3×10^3	1	1.1	1.9
NiO	p	1.1×10^4	1	1	0.48
Co_3O_4	p	4.5×10^2	1	1	0.99
Fe_2O_3	n	2.2×10^3	1	1.1	1.1
TiO_2	p	2.1×10^7	1	0.96	0.71
ZrO_2	n * p	5.1×10^8	1	1	1.1

材料	类型	电阻值 （Ω×cm）	对气体的灵敏度（R_0/R）		
			CH_4	C_2H_6	H_2
SnO_2	n	$1.0×10^5$	1.2	3.6	5.6
Ta_2O_5	n	$5.1×10^7$	1	1.2	3.6
WO_3	n	$1.0×10^4$	1	1.1	6.7
$LaNO_3$	p	$1.1×10^2$	1	1	1

金属氧化物中的晶粒通过晶界成脖颈彼此相连，材料的电阻主要取决于晶界电阻和脖颈电阻之和。SnO_2 薄膜的导电通道简单模型如图 3.3.6 所示。

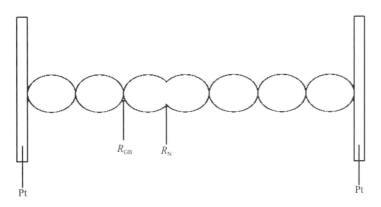

图 3.3.6　SnO_2 晶粒导电模型

薄膜的电阻（R）主要由晶界电阻（R_{GB}）和脖颈电阻（R_N）组成，即：

$$R = N_{GB}R_{GB} + N_N R_N \tag{3-9}$$

其中，N_{GB}、N_N 分别为晶界电阻和脖颈电阻的个数。根据耗尽层近似，可得晶界导电处的晶界势垒：

$$V_B = \frac{qN_D W^2}{2\varepsilon} \tag{3-10}$$

其中 N_D 是施主浓度，W 是耗尽层宽度。根据热电子发射理论，晶界处电流密度为：

$$J = qn\sqrt{\frac{kT}{2\pi m}} e^{\frac{qV_B}{kT}} \left(e^{\frac{qV}{kT}} - 1 \right) \tag{3-11}$$

对 (3-11) 式取二级近似，可得：

$$J = q^2 n \sqrt{\frac{1}{2\pi mkT}} e^{\frac{qV_B}{kT}} V\left(1 + \frac{qV}{2kT}\right) \tag{3-12}$$

再根据 $R_{GB} = \frac{V}{l} = \frac{V}{JA}$，得到：

$$R_{GB} = \frac{\sqrt{2\pi mkT}\, e^{\frac{qV_B}{zkT}}}{Aq^2 n\left(1 + \frac{qV}{zkT}\right)} \tag{3-13}$$

式中，n 是晶粒电子浓度，m 是电子有效质量，V_B 是晶界势垒，V 是外加偏压。从 (3-13) 式可看出 R_{GB} 随外加偏压增加而减小。脖颈电阻可表示为：

$$R_N = \frac{L}{qn\left\{n_b\mu_b\left(\dfrac{D_N}{z} - W\right)^2 + n_d\mu_d\left[\left(\dfrac{D_N}{z}\right)^2 - \left(\dfrac{D_N}{z} - W\right)^2\right]\right\}} \tag{3-14}$$

其中 L 为晶粒长度，D_N 为晶粒直径与耗尽层宽度之和，W 是耗尽层宽度，n_b、μ_b 分别为晶粒中电子浓度和迁移率，n_d、μ_d 分别为耗尽层中电子浓度和迁移率。从上式中可看出 R_N 与外加偏压无关。

3.3.3　氢敏材料——钯膜

对于氢气传感器的研究，其关键在于提高敏感膜的制备技术和表面修饰技术，以获得重复性好、稳定性高的敏感部件，因此敏感膜的制备始终是研究的核心。同时，采用适当的信号处理技术，提高检测信号与氢气浓度的线性关系，制备检测限宽的氢气传感器，也是重要的研究发展方向之一。

通过掺入具有渗氢特性的钯等催化剂，改变传感器本身的氢敏特性是目前所有气敏传感器使用的方法。钯铬合金敏感对象主要是还原性气体，如 CO、H_2、CH_4、C_2H_6、C_3H_8、C_2H_2、C_2H_4 等。早在 1866 年 Graham 就发现过渡金属钯具有很强的吸氢能力，并首次开发出钯半透膜以净化氢气。研究表明，在室温条件下，Pd 可以吸收自身体积 900 倍的氢气，并且 H_2 可以和 Pd 发生可逆反应：

$$Pd + nH_2 \Leftrightarrow PdH_x \tag{3-15}$$

3. 3. 3. 1　钯与氢的作用机理

氢气很容易透过钯膜，而其他气体则不可透过。正是由于金属钯对氢气具有独特的选择性，使钯膜成为优良的氢气分离器和纯化器，并且目前绝大多数的氢敏元件都采用该金属。

Pd 晶体属面心立方（fcc）结构，每个晶胞含 4 个 Pd 原子，4 个八面体填隙位以及 8 个四面体填隙位（T），如图 3.3.7 所示。晶格参数 a_0 为 0.3890nm（298K），吸氢时晶格发生等方向膨胀，但始终保持 fcc 结构。当 r（H/Pd）<0.03 时，钯与氢形成面心晶格的 α 相，晶格常数 0.3893nm，与纯钯的晶格常数（面心立方）0.3889nm 接近，因此，氢原子逸出不会引起晶格变形。当 r（H/Pd）>0.57 时，形成晶格常数为 0.4nm 的 β 相。r（H/Pd）介于 0.03～0.57 之间时，两相共存。β 相在热力学上是不稳定的，放出氢而转变成稳定的 α 相，引起晶格收缩，增大了内应力会导致裂纹的产生。

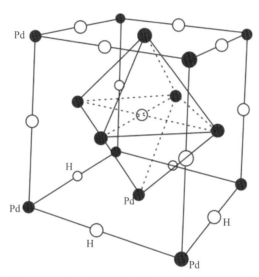

图 3.3.7　立 H 原子在 β 相 Pd-H 中的位置模型

通过 Pd-H_2 体系相图（图 3.3.8）可以看出，在 300℃ 以下钯以 α 相和 β 相存在，在没有氢存在的情况下，钯始终以 α 相的形式存在；但是当钯中氢含量超过 α 型钯所能吸收氢的极限时，钯就会产生相变，由 α 相转变成 β 相。α 相和 β 相都是面心立方晶格，吸氢后 β 相的晶体结构不会发生变化，但是点阵常数会增加，在纯氢气中点阵常数会增大 3.5%。在这一相变过程中，钯的许多物理性质就会发生显著的变化。

H 在钯/气体界面上被钯吸附并吸收，透过钯到达另一界面时 H 再次结合为 H_2 释放出来。通常认为，其作用可解释为解离—溶解—扩散机理，如图 3.3.9 所示。

该机理中包含 5 个基本步骤：①氢分子在钯膜表面化学吸附并解离；②表面氢原子溶解于钯膜；③氢原子在钯膜中从一侧扩散到另一侧；④氢原子从钯膜析出，呈化学吸附态；⑤表面氢原子化合成氢分子并脱附。

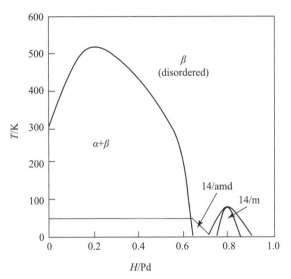

图 3.3.8　Pd–H 体系相图

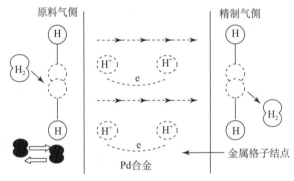

图 3.3.9　氢透过 Pd 膜的解离—溶解—扩散机理

该过程可用以下方程定量描述:

$$J = QA(P_h^n - P_1^n)/l \qquad (3-16)$$

其中 J 是渗透通量, Q 是渗透常数, P_h、P_1 分别是膜两侧的氢气分压, A 是渗透面积, l 是膜的厚度, n 是常数。如果膜较厚, 那么第③步为速率控制步骤, 根据 Sievert 法则, n 应该等于 0.5; 膜较薄时, 第①、②步可能控制氢气的渗透速率, n 大于 0.5 而接近 1。因此根据 Fick's 和 Sievens' 定律, 上述公式可用下式表示:

$$J = P(p_{H_2}^{0.5}, \ 1 - p_{H_2}^{0.5}, \ 2)/l \qquad (3-17)$$

式中，J 为氢渗透速率（$mol \cdot m^{-2} \cdot s^{-1}$），$P$ 表示氢渗透系数（$mol \cdot m^{-1} \cdot s^{-1} \cdot Pa^{-0.5}$），$l$ 示膜厚度（m），$p_{H_2}^{0.5}, 1$ 和 $p_{H_2}^{0.5}, 2$ 分别是氢气在进气侧和出气侧的分压（Pa）。由式（3－17）可知，钯膜的透氢速率与膜厚度成反比，减小膜的厚度可以显著提高透氢速率，节省贵金属钯材料；钯膜的透氢速率与膜两侧的氢分压差的平方根成正比，虽然提高压差可达到增大透氢速率的效果，但由于钯膜的机械强度有限，压力过大，可能导致膜体受损，影响钯膜的选择效果，所以应用中应合理选择压差大小；另外，钯膜的透氢速率随温度升高而增加，符合阿累尼乌斯定律，但并不是呈线性关系，基本上均存在一个最大值，然后随温度继续升高，透氢速率反而下降，所以在应用中不能单纯通过升高温度的方法来达到提高渗氢速率的目的；在有杂质气体如 CO、CO_2、H_2S、N_2、NH_3、CH_4、C_2H_4 等存在的情况下，渗氢速率会减小；氧的作用比较复杂，一方面使钯形成氧化物，增大了膜的表面粗糙度，从而使渗氢速率提高，另一方面易使薄钯膜形成微孔，而且还会影响氢的吸附。总之，选择合适的膜厚、加热温度和进氧量，可大大提高传感器的氢选择性。

金属 Pd 对氢的化学吸附性能还与该原子具有 d 轨道密切相关。Pd 的 d 轨道百分数 d% 为 46%，说明其 d 能带中的电子很多，空穴较少。Pd 原子的电子组态 $3d^8 4s^2$ 是 10 个电子，其中 6 个形成金属键，还剩下 4 个未结合电子。金属表面原子和体相中的原子不同，表面周围的原子数比体相中的少，当氢分子运动到金属表面附近时，表面原子可以利用基本上没有参与金属键杂化轨道的电子或未结合的电子和被吸附分子形成吸附键。未结合电子所处能级要比杂化轨道的电子能级高，前者活泼，当氢气分子运动到金属表面附近时，首先是未结合电子和氢分子成键，然后才利用杂化轨道电子形成吸附键，而且前者形成的吸附键较弱，解吸容易。当氢分子被吸附后，可能以氢分子 H_2、氢分子正离子 H_2^+、氢分子负离子 H_2^- 三种形式存在，与 Pd 原子形成以下四种吸附态，其中两种属于分子吸附，两种属于原子吸附，如图 3.3.10 所示。

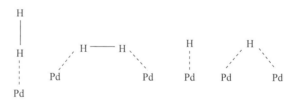

图 3.3.10　氢原子在钯表面的吸附

透氢能力是评价钯膜性能的重要指标，它包括 H_2 的渗透速率和分离效果两个方面。一般采取降低膜厚和优化膜微观结构的方法提高透氢能力。通常将钯或其合金膜附着在多孔载体、致密材料等表面上，或者在多孔载体的孔道内部制备成钯或钯合金膜，金属膜层厚度一般控制在 $20\mu m$ 以下。这样不仅降低了材料成本，而且与非担载膜相比，具有较好的机械强度和较大的渗透通量。

载体表面的粗糙度、孔径大小以及所用的制备方法等都会影响钯膜的厚度及其完整性。通常认为，含有较小钯颗粒，尤其是纳米级钯颗粒的膜具有较多且细小的颗粒边界，其透氢性能比含有较大钯颗粒的膜要好。另一方面，在高温环境中，载体的材质特性也在很大程度上影响钯复合膜的透氢性能。陶瓷载体和金属膜有不同的热膨胀系数，在焙烧或高温条件下应用时会出现分层现象，导致裂缝的出现。选用金属载体（通常是多孔不锈钢）的优点在于载体本身不容易产生裂缝，而且与金属钯的热膨胀系数接近，高温条件下不容易发生分层现象。但是，商业化的不锈钢载体表面较为粗糙、孔径较大，容易出现缺陷，因而制备出的钯膜比较厚。通常要对载体进行机械或者化学抛光处理，也可以引入性能稳定的中间层（比如三氧化二铝、氮化钛、二氧化硅和氧化锆）来修饰载体。这样既可以避免高温条件下产生分层现象，提高热稳定性，又减小了载体表面的孔径，有利于制备连续、无缺陷的钯膜。

影响纯钯膜透氢能力的另一个问题是氢脆现象。所谓"氢脆现象"是指在温度小于573K，压力小于2MPa的条件下，钯吸收氢后形成晶格常数不同的 α-贫氢相和 β-富氢相。经冷热循环时，由于金属晶格发生膨胀和收缩而造成膜的变脆甚至破损。通常采用加入其他金属元素（比如银、铜等）的办法予以避免，这样不仅可以避免氢脆现象的发生，还可以提高透氢能力。其中钯铜合金膜不仅成本低，而且有较好的化学稳定性，可有效防止硫化氢和一氧化碳中毒，而钯钇合金膜的透氢速率是商用钯银合金膜的 $2 \sim 2.5$ 倍。另外，将钯颗粒紧密地嵌入多孔载体孔道中，也可以在一定程度上防止氢脆现象的发生，还有利于提高膜的机械强度和热稳定性。在孔道中沉积钯，只需在较小的尺度范围内保持膜的连续性即可，而且还能减少钯的使用量。需要指出的是，虽然已有不少成功的先例，但如何将钯有效地填充在孔道中依然是一个技术难题，该难题制约了该类复合膜的商业化。

3.3.3.2 钯膜的制备方法

钯等金属膜的主要制备方法有：电镀法、化学镀法、化学气相沉积法（CVD）、铸造与压延法、物理气相沉积法等。

1. 电镀法

电镀法的原理是控制直流电压和温度，将金属或金属合金沉积在阴极的支撑体上而形成薄膜。金属钯比较容易在平板和管式支撑体上镀膜。钯膜的厚度主要通过电镀时间和电流强度来控制，膜的厚度可控制在几个微米到几毫米范围。但对于合金膜，由于各种金属离子的沉积速率的差异，制备大面积的膜会出现组分分布不均的问题。

钯及其合金与金的某些性能相近，具有导电性好、化学稳定性高、白色外观以及抗蚀、耐磨和可焊等优良特性。制备纳米级微晶尺寸合金和超结构多层膜多采用电沉积技术，这种技术比物理方法有更加优越的特点，如可在常温下操作，可以简单地通过控制电流或电位和镀液的浓度来控制电沉积层的组成和膜的厚度。但是，在钯的电镀过程中氢气极易与钯形成共沉积，从而吸附、渗透和溶解于沉积层中，由于沉积层 α 相和 β 相结构的变化和氢脆必然导致镀层产生高内应力，出现针孔和龟裂，严重影响钯镀层的物理和化学性能。

2. 化学镀法

化学镀法的基本原理是利用控制自催化分解或降解亚稳态金属盐，在支撑体上形成薄膜。对于钯膜，使用的金属盐有 $Pd(NH_3)_4(NO_3)_2$，$Pd(NH_3)_4Cl_2$，$PdCl_2$；常用的降解剂（催化剂）为肼或次亚磷酸钠。通常，支撑体还需进行预处理以获得钯核，降低液相中的自催化反应。

整个制备过程包括以下 4 个步骤：

（1）载体处理：通过机械打磨、化学处理或引入过渡层获得平整的载体表面。

（2）活化敏化：通过活化、敏化两步法在载体表面形成纳米级钯颗粒，作为镀膜的晶种。

（3）膜的生长：钯在晶种附近沉积、生长成膜。

（4）焙烧：氮气、氢气氛围中升温到一定温度，形成致密的金属钯膜。

该方法可在复杂表面形成厚度均匀、强度较高的膜。使用化学镀法可在任何形状的导体和非导体表面沉积薄膜，操作条件简单，成本较低。但是，传统化学镀法最大的缺陷是活化与敏化过程十分繁琐，而且极有可能引入杂质锡而影响钯膜的高温热稳定性。另外，较难控制膜的厚度，与载体结合力也较差，而且还会产生大量的有毒、有害废液。因此，近年来人们通过对渗透液进行优化改进，改善了膜的致密程度和提高膜的结合程度。

3. 化学气相沉积法（CVD）

使用化学气相沉积法制膜，首先将金属化合物气化，被某种载气携带到载体表面，并通过热分解或者还原反应使金属在载体表面或者孔道中成核、长大，最终覆盖于整个载体表面成膜。CVD 法操作复杂，反应条件苛刻。近些年来用 CVD 法制备钯及其合金膜的工作越来越多，制备的钯膜一般超薄，厚度多在 $3\mu m$ 以下。CVD 反应温度、原料浓度以及载体表面的质量是镀钯膜的最重要因素，透氢率随钯颗粒的增大而增大。

3.4　微型纳米氢敏传感器

3.4.1　微机电系统（MEMS）技术简介

微机电系统即 MEMS（Micro-Electro-Mechanical Systems 的缩写），是指以微电子技术、微机械及材料科学为基础学科，以研究、设计并制造一些具有特定功能及应用的微型装置，包括微传感器、微结构器件、微执行器和微系统等。它的发展最早可以追溯到 19 世纪，照相制版技术的诞生，产生了光制造技术。

一般来说，MEMS 有以下 5 个非约束性的特点：

（1）尺寸在微纳米范畴内，跟一般上的宏（Macro）不同，是传统尺寸大约 1cm 的"机械"，并非是指物理学上的微观。

（2）基于但不限于硅微加工技术的制造。

（3）与微电子芯片类似，生产要在无尘室大批量、低成本中生产，并且使得性价比要比传统制造技术大大提高。

（4）MEMS 中的"机械"不仅仅是指狭义力学中的机械，它表示的是一切具有能量的传输、转化等功能的效应，例如：热、磁、电、力、光等，甚至也可以是一些化学或者生物效应等。

（5）MEMS 的发展方向是"微机械"和 IC 相结合的微系统，并且向着智能化、多元化的方向发展。

MEMS 集成设计是一个多视图、多阶层的设计方法。多视图是指从三个方面对 MEMS 进行集成设计：①从产品的全生命周期（设计、制造、封装、检验、使用、维护等）看，对其产品形式（数据图表、掩模信息、实体模型、设计原型等）、生产过程和组织活动予以并行设计；②从其功能组看，MEMS 包含微传感器、微执行器、微检测控制电路等功能模块，其设计必须达到器件结构和系统功能的有机集成；③从涉及的研究领域看，多学科（微观领域的机械、力、电、光、流体等）以不同比例综合、相互转换发生作用（传感、致动的工作原理与微观环境条件的影响等）的特点需要纳入 MEMS 的设计工作。多阶层是指针对 MEMS 设计的复杂过程，将其分成系统级设计、器件级设计和工艺级设计三个阶层，分别完成相应的设计任务，组成 MEMS 设计的多阶层架构。根据这三层在设计时进行的先后次序，就有了 MEMS 的自顶向下设计和自底向上的设计方法之分。

当前 MEMS 自上向下的设计方法，大致遵循面向应用目标的顶层、系统、部件、实现过程、微结构、掩模、具体工艺等细节的底层的设计顺序，它更注重宏观层次上应用问题的提出与解决，系统级以下的工作借助高柔性、封装后的参数化模型来实现，从而更容易达到对系统整体的操纵和把握。借助可重用的参数化模型，使设计者能够摆脱烦琐的设计细节，并能尽量减少设计的反复次数及其影响深度，对系统整体的把握和操纵能力大大增强。自顶向下的 MEMS 集成设计方法综合了集成设计和自顶向下两种设计思想的精髓。集成设计对影响 MEMS 设计的加工、封装、测试、使用等因素进行全面考虑，然后对设计过程和设计任务进行自顶向下的分解。这样集成和分解就做到了辩证统一，相辅相成，共同完成 MEMS 复杂的设计任务。

在自上向下的 MEMS 集成设计方法中，将 MEMS 的设计过程从开始到结束分为系统级设计、器件级设计和工艺级设计三个阶层，每一层分别完成相应的设计任务，如图 3.4.1 所示。系统级设计面向用户的需求，研究的对象是由 MEMS 器件与信号提取、信号反馈等相关电子电路组成的微系统，着重研究系统的整体行为特性与性能，主要承担产品概念设计、制定设计方案等设计任务，为器件级设计提供依据。器件级设计根据 MEMS 器件的实体模型研究其行为特性和物理特性，主要完成 MEMS 器件的实体设计、分析和优化，为器件的工艺、版图设计奠定基础，并且可以从中提取器件的行为模型，再进行系统级的行为仿真，以验证设计方案。工艺级设计主要包括器件的掩模版图设计和工艺流程设计，是 MEMS 器件加工前的最后一步，其主要任务包括基于实体模型的工艺定义，基于实体的版图生成以及加工工艺仿真。

在该设计方法中，先对 MEMS 的设计进行全面考虑，然后通过自上向下的设计方法对其设计过程和设计任务进行分离，其核心思想就是合成和优化。自下向上则是对设计方案的验证与分析。在实际的 MEMS 设计过程中，设计与分析流程不断地交互运用，以决定出最符合规格要求的设计。

利用 MEMS 技术制作的微气体传感器具有体积小、功耗低、易批量生产、成本低、加工工艺稳定等优点，并且对于提高气体传感器的选择性、可靠性和稳定性，以及其集成化、智能化、多功能化都有重要意义。

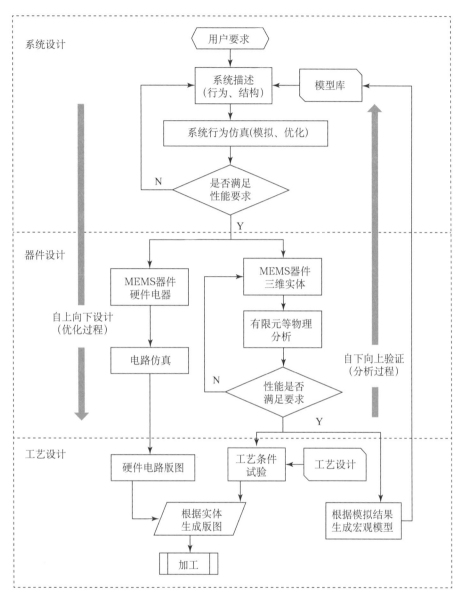

图 3.4.1　MEMS 集成设计流程

3.4.2　氢敏器件的设计与研制

针对地震地下流体氢气观测中浓度范围变化大、背景值含量低的需求，设计一种灵敏度高、功耗低、易于集成、抗干扰的氢敏传感器。

3.4.2.1　钯纳米复合膜的制备

用钯合金膜代替钯膜，不仅可以解决氢脆问题、降低成本，而且有些合金膜的透氢率接近甚至超过纯钯膜。现在透氢用的钯合金主要是指 Pd 与 Ag、Y、Cu、Ni、Au 等形成的二元合金，和 Pd-Y、Pd-Gd 与 In、Sn、Pb 及 Pd-Ag 与 Au、Y、Ni、Pt、Rh 等形成的三元合金。

钯复合膜的结构如图 3.4.2 所示，由钯金属层、中间过渡层和具有支撑作用的载体构成。将钯膜镀在多孔载体上既可以显著提高膜的机械强度和热稳定性，又可以降低膜厚，提高膜的透氢量。以多孔材料为载体的致密金属膜在气体分离、电化学、电子等领域有着越来越广泛的用途，特别是能用于氢气分离和纯化的钯膜，近年取得了较快的发展。目前钯复合膜的载体多为多孔陶瓷（如 Al_2O_3、TiO_2、SiO_2、ZrO_2 等）、多孔玻璃、不锈钢烧结材料、分子筛和致密金属（如钽、铌、钒、合金等）。陶瓷载体因其优异的稳定性和广泛的市场来源等优点在目前的钯及其合金的复合膜研究中使用最多。但它存在着易碎、不易密封、不易与其它部件连接等缺点，而且陶瓷载体与钯膜的热膨胀系数相差较大，当温度变化过快时易造成膜起皮脱落。与陶瓷基体相比，多孔不锈钢基体能与其它无孔不锈钢管焊接，方便搭建钯膜催化反应器，但是它较差的耐氢脆、耐高温、耐腐蚀性又造成了新的问题。此外，钯及其合金膜高温下长时间直接接触金属载体会造成两者的相互扩散，而且温度越高，金属间的相互扩散越明显。载体元素进入膜体会降低膜的透氢率，因此在烧结金属载体和钯膜之间，仍然必须加入一层多孔陶瓷修饰层。

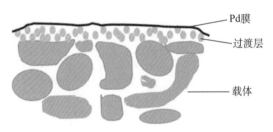

图 3.4.2　钯复合膜结构示意图

载体材料和中间层的选择都对钯膜的性能产生很大的影响。载体材料的选择需要考虑的主要因素包括：热膨胀系数和钯金属相近，在高温和高压下具有良好的稳定性和机械强度，易加工，成本低廉。目前可用作钯复合膜的载体材料有很多，如多孔玻璃和多孔陶瓷比较脆，高温下密封困难且不易焊接加工，与金属膜热膨胀系数（见表 3.4.1）差别也比较大。多孔不锈钢（PSS）材料具有耐高温、高压，有良好的机械强度，易焊接加工，其热膨胀系数与金属钯相匹配等，因此选用多孔不锈钢材料作为载体材料。

表 3.4.1　几种材料的线性热膨胀系数

材料	热膨胀系数（$10^{-6}K^{-1}$）
PSS	17.3
Pd	11.8
Ag	19.5
Cu	17.0

续表

材料	热膨胀系数（$10^{-6} K^{-1}$）
CeO_2	11.0
Al_2O_3	5.50～8.40
Y_2O_3	8
ZrO_2	10

市场售的 PSS 材料由于表面粗糙且孔径较大，不能直接作为钯复合膜载体材料，因此对其表面进行预处理，降低载体材料表面的孔径，使其表面比较光滑，便于得到薄且致密的钯复合膜。

载体材料预处理包括以下三步：

（1）用砂纸打磨处理。研究表明，膜层厚度大约为基质材料最大孔径的 3 倍时才能保证复合膜的致密性。氢气渗透通量和金属膜的厚度密切相关，金属膜越薄氢气渗透通量越高；在保证高氢气渗透量的同时，为了保证膜的致密性，要求选用较大孔径的 PSS 载体，同时采用机械打磨法降低 PSS 表面的孔径，这样既可以减小金属层的厚度又可以提高氢通量并且降低了膜的制备成本。

（2）在 60℃ 水浴下，依次用 Na_2CO_3、去离子水、丙酮溶液对 PSS 超声清洗。用 Na_2CO_3 溶液清洗，除去砂纸打磨后 PSS 表面覆有的油渍和污垢；用去离子水清洗，除去表面或孔道内存有的一些残留碱溶液；用丙酮清洗，易于后续的干燥步骤。

（3）在 80℃ 水浴中，依次用 1mol/L 的 HNO_3 溶液、1mol/L 的 NaOH 溶液浸泡处理 PSS。处理过程中可观察到 PSS 表面有气泡产生。该步处理的主要目的是使 PSS 表面轻度腐蚀，便于过渡层的沉积。预处理过的 PSS 在烘箱中干燥备用，注意保持表面清洁。

由于 SnO_2 是常用的氢敏材料，因此我们将 SnO_2 作为中间过渡层。采用等离子体化学气相沉积法（PECVD）制备 SnO_2 薄膜，等离子体反应室是一个石英玻璃管，下底板处装有一加热器，用热电偶测定加热温度，射频发生器的频率为 40MHz，其功率在 0～200W 区间连续可调。当反应室的真空度小于 5Pa 时，用氧气携带 $SnCl_4$ 蒸气通过针阀进入反应器，控制反应器内的混合气体压力在 40Pa 左右，开启射频电源，激活等离子体，在不同温度下进行沉积镀膜。

氢敏膜层钯薄膜的制备方法在前文 3.3.3.2 中介绍了很多种方法，如常见的电沉积、化学镀等，但是这些方法需要配置相应的溶液，且无法精确控制膜厚。故采用真空镀膜法在过渡层上直接蒸镀钯膜。将钯-铬合金原材料作为源材料使用真空蒸发镀膜机进行真空蒸发，基体材料为镀有过渡层 SnO_2 的 PSS 片，工作真空度 $6×10^{-5}$Pa。由于钯复合膜层材料的热膨胀系数不一致，为防止膜层的内应力引起的膜开裂，采用热处理方法消除内应力；同时，热处理可以对金属膜的晶粒再生长，有助于形成致密的薄膜。

3.4.2.2　氢敏传感器的机构设计

在气敏元件上，其有效面积不到 $0.5cm^2$，而气体样品的体积却很大。当气体在一定的流速下通过气敏元件表面时，如何使气体中的被测组分尽可能多地被气敏元件所吸附，乃是提高仪器灵敏度的关键。因此，放置气敏元件的容器必须保证被测气体与气敏元件有最大的接触。传感装置要求用不吸附气态烃和氢气、又耐高温的紫铜、黄铜、ABS、聚四氟乙烯高强度尼龙等材料制成的。传感装置的特殊结构可以使得被测气体在气敏元件表面形成湍流，并且当被测气体经过气敏元件与容器之间狭窄的通道时，几乎是摩擦着气敏元件的表面过去的，因而使气敏元件对被测气体的吸附效率大大提高，吸附效率达 95% 以上。

对比了 11 种不同材质（如不锈钢、黄铜、紫铜、ABS 高强度尼龙、聚四氯乙烯等），通过优化设计、改进结构和材质，一方面使被测气体在测试过程中尽可能不受损失、不被沾污，另一方面使被测气体与气敏元件有最大的有效接触，从而大大提高了传感器的检测灵敏度、稳定性和使用寿命。

3.5　混合气体分离方法的研究

3.5.1　混合气体分离方法

选择性是检验化学传感器是否具有实用价值的重要尺度，从复杂的气体混合物中识别出某种气体，就要求该传感器具有很好的气敏选择性。在实际检测应用中，传感器的工作环境并非单一，而是在背景复杂、浓度和待测物组分皆未知的情况下进行。因此单纯地提高化学传感器选择性很难满足实际检测的要求。近年来，与其他分离技术联用来间接弥补传感器在实际应用中存在选择性的不足也逐渐受到人们关注。其基本思路是对待测物进行预处理，提前实现分离，接着利用气体传感器来进行检测，从而间接地获得对待测物各组分的定性识别。地壳溢出气成分较为复杂，一般含有 CH_4、CO_2、H_2、Ar、He 等气体，且各种气体之间的比例相差较大，有时 CH_4 的含量是 H_2 含量近 100 倍，因此应用性能优异的氢敏传感器并结合有效的气体分离技术可以有效分离地壳溢出气体中的待测成分气体浓度。

为了能有效地将性质相似的还原性气体彼此区分开，达到有选择地检测其中某一种特定气体的目的，可以通过改变传感器的外在使用条件和材料自身的物理及化学性质来实现。常见的三种提高气敏传感器选择性的方法：

（1）在被测气体到达敏感元件前，由吸附和反应除去干扰气体，或通过气体过滤膜除去干扰气体；

（2）选择适当的工作温度；

（3）掺入 Pt 等催化剂。

由于杂质气体的影响，单纯的依靠薄膜表面修饰氢敏材料并不能有效的分离地壳溢出气中的氢。通过结合气体分离技术可以较好的解决这一问题。气体分离技术主要由载气、分离柱和检测器三部分组成，其关键部分就是分离柱。载气是一股流速严格控制的纯净、不相互反应的气体，例如 He、N_2、Ar 等，它的作用是携带待测气体样品使其通过分离柱。分离柱一般是用石英管为分离柱，在分离柱内壁涂覆或填充固定相，分为两大类：一类是毛细柱，适用于复杂成分的测定；另一类是充填柱，主要用于简单成分的分离。当混合物的各组分通过移动相（载气）穿过分离柱时，各组分的分离速率由固定相对组分保留能力决定。

由于被测混合气体中各组分在固定相中具有不同的分配系数，当两相作相对运动时，这些组分在两相间进行反复多次的分配，将混合气体的各组分加以分离，由于各种气体的相对分子质量存在差异，使得它们流出分离柱的时间将错开。分离柱好比跑道（长度从几米到几十米），待测组分在载气驱动下，好比水平不同的跑步运动员，检测器设置在跑道终点，将到达终点的待测组分变成电讯号而加以记录，一次分析结束，就得到一条信号曲线。

通过选择固定相、选择分离柱的内径与长度、改进工作方法，还有利用柱切换技术从大量组分中分离出痕量组分等方法，使断层气样品的被测组分得到了较好的分离。

采用高温净化多孔材料作为分离管内填充材料可快速分离出待测气体中的痕量氢，通过对 TDX-01 多孔碳小球筛选，然后经酸化去离子清洗和高温热处理，其对氢气的分离速度可达 1s 以内，使含氢气样品得到了较好的分离。

3.5.2 混合气体的分离效果

配制 1ppm H_2 标准气与 10ppm CO 标准气的混合气体进行气体分离装置的分离效果实验。在没有接分离装置时（如图 3.5.1 所示），不进行气体分离的波形 H_2 和 CO 同时到达传感器，在 CO 的作用下，H_2 波形被掩盖。注入气体分离装置进行测试，由于气体的相对分子质量存在差异，在气体通过气体分离柱后有明显的分离现象，图 3.5.2 中 H_2 在 25s 左右出现明显峰形，而 CO 的峰形在 60s 左右出现。

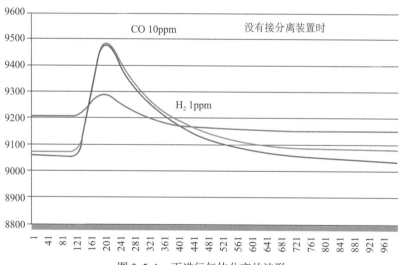

图 3.5.1 不进行气体分离的波形

配制 1ppm H_2 的标准气体，再分别注入 100ppm CO、1000ppm CO、5000ppm CO 干扰气体进行测试，由于分离柱的作用，氢气被明显地分离出来，使得 CO 气体对 H_2 的测定未产生干扰，如图 3.5.3 所示。

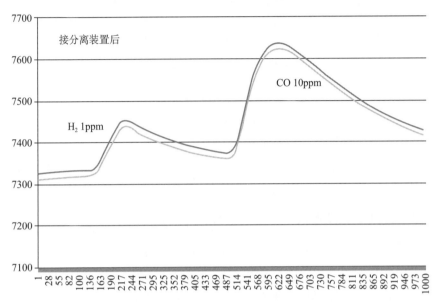

图 3.5.2　10ppm CO 干扰气进行气体分离的波形

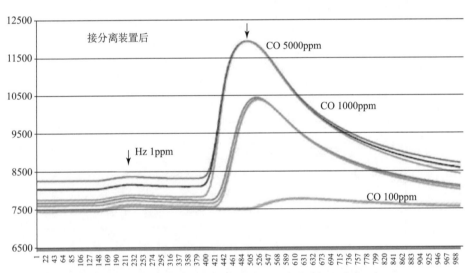

图 3.5.3　100ppm、1000ppm、5000ppm 的 CO 干扰气进行气体分离的波形

　　这一技术对于分子量大于 H_2 的气体都有明显的效果，测试 C_2H_6、C_3H_8、乙醇等不同的气体，结果显示 5000ppm 以下的这些气体对 H_2 的测定都不会产生影响。如图 3.5.4 所示，将 CH_4、C_2H_6、CO 和 H_2 混合后，经分离柱分离后直接进入氢敏传感器，气体分离装置完全可以区分 H_2 与其他气体，且分离效果明显，H_2 的信号峰与其他气体的信号峰完全分离，易于区别。

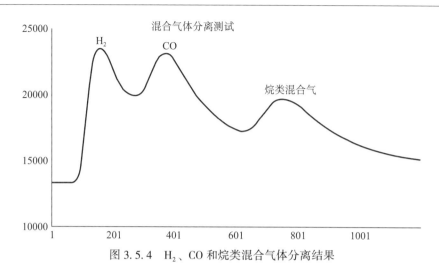

图 3.5.4　H_2、CO 和烷类混合气体分离结果

3.6　痕量氢自动分析仪控制系统的研制

痕量氢在线自动分析仪的自动控制系统如图 3.6.1 所示，包括上位机设计和下位机设计。其中下位机主要通过单片机控制所有硬件电路，包括电源控制电路、传感器测量电路、流量控制电路、气路控制电路以及温度气压测量电路。

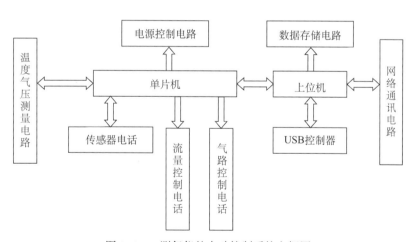

图 3.6.1　测氢仪的自动控制系统方框图

传感器测量电路主要包括传感器信号采集电路以及信号处理电路。根据痕量氢传感器的信号特点，使用 FPGA 构成 DDS 信号发生器作为传感器的参考信号源，根据传感器所处的环境输出不同的信号类型，依据不同的信号类型建立了复合型的信号处理分析方法，建立了非线性修正模型，配合神经网络算法，提高了传感器的灵敏度、准确度和抗扰性能，比国内外现有的设备灵敏度提高了 6 个数量级。改进传感器校准方法，使得大量程的传感器能以极少的校准点实现，并通过神经网络算法的自学习，能够随着样本进行学习和训练，降低了校

准的复杂度和所需的时间。

信号处理电路主要是处理痕量氢传感模块的微弱信号，除了捕集微弱信号，还对传感器进行非线性修正。该方法包含预处理和校准两个部分：①预处理部分实现 ADC 数字量到传感器输出阻值的转换，以解决测量电路倒数关系导致的非线性；②根据传感器气敏特性非线性的特点提出了多点校准的方法，给出了校准参数的计算方法。

气体传感器在进行气体定量测量时，输出特性表现为非线性。其非线性主要包含两方面原因：①传感器气敏特性表现为非线性；②常用的电阻分压测量电路输出特性也是非线性。这样的测量特性导致该类传感器存在标定困难、难以定量测量等工程应用问题。通过气体传感器的气敏特性分析可以知道其阻值变化率 R_S/R_0 和气体浓度 C 在双对数域中存在线性或近似线性关系，因此气体传感器的非线性处理方法包含预处理和标定两个部分，预处理解决测量电路的非线性问题，标定解决传感器气敏特性的非线性问题，运用该方法可以实现气体浓度的高精度定量测量。

在静态测量情况下（被测气体浓度不随时间变化或者缓慢变化），采用两点标定的方法较易实现被测气体浓度的定量测量。但是在动态测量领域中，被测气体的浓度随着时间 t 而改变，需要捕捉气体浓度的瞬时峰值。对 ADC 输出的 D_S 进行预处理，获得阻值 R_S 的时域谱图解决测量电路中 D_S-R_S 呈倒数关系导致的非线性问题，便于后续处理运用该类传感器在双对数域中存在线性或近似线性关系的气敏特性来测量和标定。

电源控制电路包括不间断电源、电压分配模块以及 12V 蓄电池。每一个分析仪器需要一个稳定的电源模块来提供电源供给，但是仪器内部的硬件需要的电压不同，因此不间断电源连接电压分配模块，电压分配模块分别给各个电路供电。

根据地震观测台站的使用特性，特别设计了不间断电源，在有居民用电的情况下向 12V 蓄电池充电并为系统提供稳定供电；在停电的情况下使用蓄电池为系统供电，保证系统供电；当蓄电池电压下降到 11.2V 时自动切断供电，防止蓄电池出现过放现象。

此外，温度气压测量电路主要是用来获得环境温度、气压数据，与痕量氢浓度同步观测，作为辅助测项帮助分析地下氢浓度变化情况。气路控制电路与流量控制电路协同合作，通过抽气方式将气体运输至传感器内，且能定量控制进入传感器的体积，有利于计算气体浓度。

仪器通过智能化软件控制技术和自适应控制技术，通过串口通信对仪器的传感器、单片机、泵阀等部件协调控制，实现仪器自动连续测量，整个系统由 UI 模块、采集控制模块、参数管理模块、数据库管理模块、测量模块、数据分析模块、升级模块、网络服务以及分布数据上传等模块组成，各个模块大致完成的工作如下：

（1）UI 模块：上位机的所有操作都是通过 UI 模块完成的。其子模块绘图模块还提供绘图功能，根据用户的请求从数据库或者数据采集模块获得痕量氢气浓度等相关数据进行绘图，包括自动测量和手动测量部分实时曲线的绘制，日曲线的绘制，数据分析部分分析曲线的绘制，导出图形的绘制、以及网络部分下载图片的绘制等。

（2）采集控制模块：对下位机进行控制并进行痕量氢气浓度等数据的采集及转换，对测量数据进行分析和补偿后调用数据库管理接口将其存入数据库。

（3）数据库管理模块：封装所有数据库操作，从而避免其他模块直接操作数据库，从而避免对数据库的异步操作。

（4）参数管理模块：主要管理各类系统参数，包括配置文件的管理，用户配置参数的读取、写入以及更新等等。

（5）测量模块：包括手动测量、自动测量和系统标定三部分，主要调用采集控制模块控制下位机进行痕量氢气浓度等数据的测量，然后对测得的数据进行分析和存储。

（6）数据分析模块：对存于数据库中的测量数据进行分析，以可视化（曲线图）的形式显示出来，并支持数据和分析曲线的导出。

（7）网络服务模块：网络服务提供了远程登录和操作各分布式测量终端的方法，该模块同时支持用户管理、数据分析、远程控制和数据下载等功能。

（8）升级模块：提供软件的自动升级功能。

数据存储方面，数据库模块按照地下流体观测行业要求对数据包进行命名，除了浓度数据，还附带温度、气压数据，同时保存仪器运行日志与异常信息，实现数据的长时间稳定存储（最长可达 5 年），防止存储芯片因使用时间过长形成的坏块造成历史数据丢失。

数据分析方面，采用 Linux 系统，结合人机交互模式，完成数据的分析功能。功能如下：

（1）灵活的时间选择。用户可以选择日图、月图、自选图三类显示模式，日图即显示某一天的数据曲线，月图即显示某一月的数据曲线，自选图即可以选择任一天至另外一天之间的数据曲线。

（2）多样的显示元素。提供浓度、温度、气压三种不同颜色的曲线，用户可以根据需要方便的勾选要显示哪几条曲线，具有纵坐标自适应调整功能。

（3）便利的图形操作。在图形区，通过缩放按钮及屏幕拖动可以直观地选择放大某一时间段内的曲线。

（4）方便的图形下载。在查询了某段时间的曲线图后，用户通过导出图片的按钮可将矢量图下载到 U 盘或者本地保存。

由于 Internet 和 Web 技术的广泛应用，工业控制系统监控模式前后经历了主机集中、客户机/服务器（C/S）、浏览器/服务器（B/S）三种模式。根据地震台网观测需求，遵循"十五"地震通讯协议，采用 C/S 模式和 B/S 两种模式结合，提供 4 种通讯模式，包括网页、客户端、串口通讯以及 FTP 通讯，可与中国地震局前兆台网数据管理系统实现自动握手，进行数据传输，完成仪器的远程控制系统。

通过开发相应的客户端，适合在局域网使用，用户可以直接连接中心服务器，查询各个测量点的测量数据，并对各个测量点的数据进行详细的分析对比，或者进一步对测量终端进行控制；同时结合高速发展的 Web 技术，增加 B/S 模式，通过 Web 远程访问各测量终端的测量数据，根据用户权限的不同，还能进行数据备份、数据导出、远程控制等操作。

B/S 模式中，各个客户端只需通过使用浏览器就能以超文本的方式向 Web 服务器提出相关的请求；然后服务器经过一系列处理，包括查询数据库等操作，将结果以 HTML 语言转发给客户端；浏览器便将结果友好的呈现在用户眼前。B/S 模式可以在不同平台不同网络中无差别工作，不需要专门的客户端，维护成本低，只需要维护更新 Web 服务器即可。

3.7　仪器特点及性能

　　痕量氢在线自动分析仪的实物图如图 3.7.1 所示，其传感器对氢气的最低检出限已经达到 $1.0×10^{-9}L$，且具有较好的线性和重现性。

图 3.7.1　痕量氢在线自动分析仪实物图

3.7.1　仪器特点

　　具有以下八大特点：

　　（1）具有极低的检测限：传感器对氢气绝对检出限达到 $10^{-9}L$。

　　（2）全中文操作菜单。

　　（3）采用全触摸大屏显示，直观方便。

　　（4）实时时钟显示。

　　（5）具有定时自动存储功能、可随时查看存储数据。

　　（6）自动化程度高：全自动采样系统，极大提高自动化程度和分析精度。

　　（7）无人值守，数据网络传输。

　　（8）具有高的稳定性、适应性，在高湿、较宽的温度变化范围、高强度和高频率的电磁场等工作环境下，工作正常。

3.7.2　性能指标

　1. 仪器性能指标

　　（1）线性（标准曲线的回归方程）：标准曲线中回归直线的相关系数 $\gamma^2 \geq 0.996$。

　　（2）测量范围：0～5000ppm。

　　（3）使用温度：0℃～50℃/5%～90% RH 无凝结。

　　（4）整机平均功耗：≤20W。

　　（5）电源：AC：220V/50Hz；DC：12V/3A。

　　（6）仪器体积 L×W×H：440×470×180（mm^3）。

　　（7）仪器重量：约13kg。

　　（8）稳定度：在仪器最低检出限时，基线零点漂移<2mV/8h。

2. 仪器主要技术参数及其检测

（1）检出限：检出限≤5ppb（5×10⁻⁹L），指在仪器的噪声中能响应的最小氢浓度。

检测流程：在仪器预热完全后，仪器校准成功后，对1ppm标准气连续测定13次，去掉第一次测量值、最大值和最小值，且测量结果的平均相对误差应小于10%，按照（3-18）和（3-19）式计算检出限（D_L）和标准偏差（σ）：

$$D_L = \frac{2G\sigma}{\bar{x}}\tag{3-18}$$

$$\sigma = \sqrt{\frac{\sum_{i=1}^{n}(x_i - \bar{x})^2}{n-1}}\tag{3-19}$$

式中，G 为标准样气浓度1ppm，σ 为标准偏差，x_i 为测量值，$\bar{x}$ 为测量平均值。

（2）精密度：也称为重复性，以相对标准偏差 RSD 表示，$RSD \leq 5\%$。

精密度是评价分析仪器的一个重要指标，它是指使用同一种方法，对同一样品进行多次测定所得测定结果的一致程度；或者说它表示多次测量所得测定结果的一致程度；或者说它表示多次测量某一量时的测定值的离散程度。

检测流程：测试条件与检出限检测一致，用1ppm标准气连续测定13次，去掉第一次测量值、最大值和最小值，且测量结果的平均相对误差应小于10%，按照（3-20）式计算出精密度：

$$RSD = \frac{s}{\bar{x}} = \frac{\sqrt{\dfrac{\sum(x_i - \bar{x})^2}{n-1}}}{\bar{x}}\tag{3-20}$$

式中，s 为标准偏差，x_i 为第 i 次测定值，$\bar{x}$ 为 n 次测定值的平均值，n 为测定次数。

（3）准确度：以相对误差 E_r 表示，是测定的量值平均值与真值相符合的程度，表征测定值的系统误差。

检测方法：测试条件与精密度检测一致，用某一浓度标准气连续测定13次，去掉第一次测量值、最大值和最小值，且测量结果的重复性应小于5%，按照式（3-21）计算出准确度：

$$E_r = \frac{x - u}{u} \times 100\%\tag{3-21}$$

式中，x 是样品含量的测定值，u 为样品含量的真值。

第 4 章　高精度测氢仪器观测技术与应用

断裂带裂隙发育广泛，是流体运移和聚集的有利通道和场所，一些专家认为断层带上的氢气浓度较高，逸出氢气与断层距离有明显的正比关系，距断层越近氢气浓度越高。因此，近年来，我国地震前兆氢气观测以土壤断层氢气观测为主开展了大量的工作。通过断层氢气长期观测和科学钻勘探项目发现，氢气浓度的变化与地震活动关系密切。如何有效地应用高精度测氢仪器以及建设断层氢气连续观测台站是地震前兆氢气观测中需要重点关注的问题。

4.1　高精度痕量氢在线分析仪的使用与维护

4.1.1　高精度痕量氢在线分析仪的使用

痕量氢在线分析仪的测量方式分为自动测量与人工测量两种。人工测量是通过人机对话的方式，在仪器内部的计算机控制下按预先规定的工作流程进行工作。自动测量是在仪器内部计算机控制下，按照预先设计的流程进行工作，多用于无人值守的台站。

4.1.2　痕量氢在线分析仪的维护

一般情况下，不需要人为干预，但仪器正常工作期间，特别要注意如下环境中仪器的维护与使用。

1. 温度/湿度

为保证仪器长期稳定工作，延长使用寿命，维持仪器使用环境的一定温度和湿度。过高或者过低的环境湿度容易引起绝缘材料漏电、变形甚至金属部件锈蚀现象，温度过高会加速绝缘件材料的老化过程，严重影响设备使用寿命。痕量氢在线自动分析仪的正常工作和存储温度/湿度见表 4.1.1。

表 4.1.1　仪器正常使用的温度及湿度要求

环境描述	温度	湿度
工作环境	0～50℃	10%～90% RH 无凝结
存储环境	-40～70℃	5%～90% RH 无凝结

2. 室内防尘

灰尘在仪器表面会造成静电吸附，使金属接触不良。当静电超过一定强度时，会对内部电路板上的电子元器件造成致命的破坏，为避免静电影响设备正常工作，应定期除尘，保持室内空气清洁；确认接地良好，保证静电顺利转移。

3. 电磁干扰

电磁干扰会以电容耦合、电感耦合、阻抗耦合等传导方式对设备内部的电容、电感等电子元器件造成影响，为减少电磁干扰因素造成不利影响，应对供电系统采取必要的抗电网干扰措施。同时，仪器应该远离高频大功率、大电流设备，如无线发射台等，必要时采取电磁屏蔽措施。

4. 防雷措施

雷击发生时，在瞬间会产生强大电流，放电路径上的空气会被瞬间加热至20000℃，瞬间大电流足以给电子设备造成致命的损害。为达到更好的防雷效果，应注意以下事项：

（1）确认机架和设备接地端子都与大地保持良好接触。

（2）确认电源插座与大地保持良好接触。

（3）合理布线，避免内部感应雷。

（4）室外布线时，使用信号防雷器。

5. 仪器气路检查与维护

（1）除尘过滤器的更换。

对于灰尘较大的采样地点，除尘过滤器应定时更换，滤膜为聚四氟乙烯疏水膜，检查方法是观察滤膜是否变为黑色，若滤膜变为黑色，应及时更换新的滤膜，使用周期不得超过6个月。

（2）管路更换。

由于连接气源的管路通常暴露在环境中，易老化变形，在灰尘较大的地区更易堵塞，因此，应定期观察管路的形状和颜色，若管路变黄变硬应及时更换。更换后应检查接口处的气密性，检查方法是用肥皂水滴在接口处，仪器采样时观察接口处是否有起泡现象，若有起泡应重新连接或者在接口处用扎带扎紧。

（3）变色硅胶。

为防止仪器受潮元器件老化，并消除样气中的水蒸气，仪器内置一根变色硅胶过滤管。长期使用，变色硅胶会吸水饱和变粉红色，应定期观察过滤管内介质颜色，若颜色变粉红色，表示其已失效应及时更换。

4.2　测氢观测点的布设

测点建设是确保断层气观测网有效地捕捉到源兆的重要条件之一。测点建设的关键环节：正确选点和合理建观测孔。断层氢气观测点必须选在活动断裂带及其两侧。测点首先应位于断层破碎带上，在第四系覆盖层发育区难以准确布设在破碎带上时，也必须使测点尽可能靠近断层破碎带，倾角较大时测点距主断层面的水平距离应小于50m，倾角较小时要小于100m。但必须注意，不宜把测点选在断层泥等不透气物质发育的挤压断层面上。

测点重点选在断层的上盘或断层活动的主动盘上。测点最好位于基岩地区，特别是结晶岩发育地区。当然，岩石出露条件不好的地区也可开展断层气观测，非结晶岩裸露地区，甚至没有基岩裸露的第四系覆盖区（断裂隐伏区）也可设点，自然观测的效果可能受到一定影响。测点的选择，最好先做流动测线探测，找到释放气体浓度最高的部位，作为优选的测点。

因此选择一个好的观测点其重要性不亚于选择一台高灵敏度观测仪器，在选择测氢点时应遵循以下原则：

（1）测点应选在活动构造带、地震活跃地带，开展断层带土壤气氢气观测；

（2）选点时首先用便携式测氢仪对不同位置进行勘选，一般选择氢气浓度较高点作为观测点，不宜选择氢气量太低或太高的测点；

（3）各省市的测氢点不宜过于分散，同一条地震带上应选测点两个以上，川、滇等重点危险区测点距以 300～400km 以内为宜，首都圈的测点距应在 200～300km 以内为宜，以便于形成区域测氢网。

对选定的测氢观测点应收集以下资料：测点所在地理位置，构造部位、完整的钻孔资料、地球化学背景资料等。

4.3 土壤气样品的采集

采集真实可靠、具有代表性的样品及避免样品前处理过程中自然和人为因素的干扰，是保障气体观测质量的必要条件。根据不同采样环境情况采集气体样品的方法有多种，如水中溶解气体样品的采集、井（泉）逸出气体样品的采集以及土壤气体样品的采集等。H_2 在地下水中的溶解度很小，浅层水中的 H_2 的含量很低，在此主要对定点观测土壤气样品的采集进行简介。

土壤气定点观测的集气采样装置分为采气、集气、导气三部分。土壤气观测一般通过建设断层观测孔采集地下气体。孔内要聚集最多的新鲜气体，则要求观测孔的结构设计要合理。采气管段（可称采气腔），即断层带释放出的气体聚集在其中；集气段为扩大采气管的体积，为利于聚气并引气用的倒三角形的漏斗。增加集气量；引气管段，把集气腔中聚集的新鲜气体及时送到仪器中去的管段。引气管段的上端（出露于地面以上），要设孔盖，防止大气进入观测孔中。

4.4 应用案例

4.4.1 痕量氢观测在山西省的应用

山西省的中南部地区多年来一直被列为华北地震的重点关注地区。山西地震带中南段新构造活动显著，近年来小地震活动明显增强。为了探索用断层氢气浓度监测预测地震的新方法，2012 年在中条山山前断裂带上布设了 4 个断层氢气浓度连续观测点，使用痕量氢在线自动分析仪，开展定点连续观测。通过对观测点位置、集气装置以及采样深度等观测条件的试验研究，给出了用痕量氢在线自动分析仪进行断层气观测的技术方法。针对在野外环境条件下的仪器稳定性、适宜条件等进行了对比试验,对同一条断层上不同测点的氢气浓度动态特征进行了观测对比分析。本项试验研究为进一步推进断层氢气浓度连续观测技术在地震监测预报中的应用提供了可供参考的经验。

为了在断裂带上选择合适的断层氢气浓度观测点,使用 ATG-300H 便携式测氢仪,沿着中条山山前断裂的夏县断裂带进行了测点勘选,选择了夏县 1、夏县 2、赤峪和东郭等 4 个氢气浓度相对较高的测点,建立了连续观测试验点(图 4.4.1)。

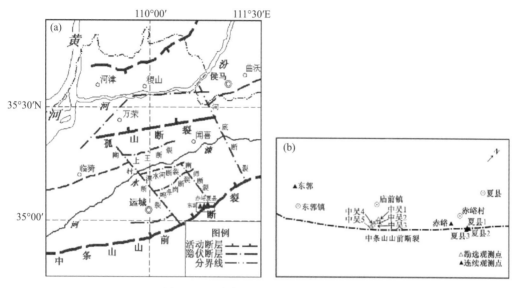

图 4.4.1　中条山山前断裂痕量氢观测
(a) 氢气测区地质构造图;(b) 测点分布图(范雪芳,中国地震,2014)

中条山断裂为鄂尔多斯断块周边活动断裂系东南部的一条断裂,且为运城断陷盆地和中条山断块隆起的分界。中条山断裂带出露于中条山山前的北麓和西麓,长 137km,走向 NE-NEE,倾向 NW,倾角 58°～75°,属高角度正断层,断裂破碎带宽 100 余米(图 4.4.1a)。该处由于岩体破碎,孔隙和裂隙比较发育,易富集和贮存气体,是地下气体较易逸出的灵敏地段。经野外实测和前人研究成果表明,断裂带上土壤气浓度富集,远离断裂带两侧其浓度则锐减(范雪芳等,2009),勘选观测点布设在中条山山前大断裂与 NW 向隐伏断裂交汇处及其附近,断层氢气浓度定点试验观测点分别选择在位于断层上、靠近断层和远离断层,以便开展对比分析(图 4.4.1b)。

(1) 选择观测孔深度。根据测试结果,选择适当的观测深度,并考虑到防冻、防雨、传输等因素,尽量避免自然因素干扰。根据陈华静等(1999)研究认为,断层土壤气的观测点孔深的选择,应根据地貌、断层覆盖层厚度、植被、浅层地表水位等多种因素综合考虑。一般来说,在考虑尽可能减少气温影响和接近断层破碎带的情况下,观测孔的深度应选择高于本地区浅层地表水位 500mm 为宜。本项研究的观测孔深度为 6～8m。

(2) 制作集气装置。观测孔由人工开挖,如赤峪测点孔深 7.0m,裸孔直径 1.2m,观测孔底部放置一根打有若干透气的小孔,直径 0.11m、长 0.6m 的 PVC 集气管,并与直径

0.05m、长度 6.7m 的 PVC 导气管相连接。导气管露出地面约 0.3m，在顶部用密封圈管口螺纹密封盖，在密封盖正中钻直径为 8mm 的孔，用于连接导气软管。为防止因浅层地表水位上升致使潮湿气体进入取样管，且又利于气体通过，在集气孔底部铺设一层透气性好的砾石层。为防气体逸出，砾石层上面铺设塑料厚膜密封，用土回填。用导气软管连接 PVC 导气管，并连接测量仪器。观测孔集气装置结构见图 4.4.2。

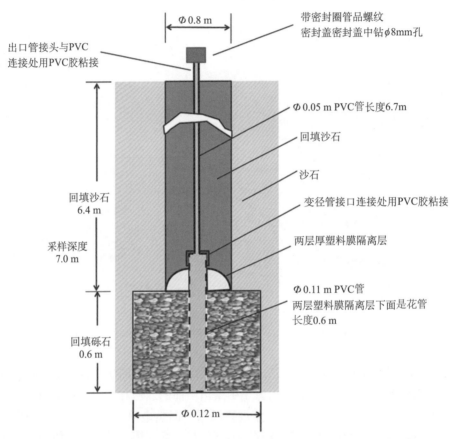

图 4.4.2　夏县赤塔断层气观测孔集气装置示意图（范雪芳，中国地震，2014）

（3）测量时间间隔。测量时间可在仪器上直接设定，根据观测点氢气浓度的含量，可设定观测时间间隔 10min、20min、30min 和 60min 等。

（4）数据采集。仪器观测时抽气时间 10s，抽气流量 0.3L/min，抽气总气量需 0.05L。仪器每次测定检测器输出的电压值，自动换算成氢气浓度（ppm），观测数据直接存入仪器。

（5）数据获取。远程获取数据，可在仪器上直接设定 IP 地址，通过网络实时接收、下载数据，或通过网页直接绘制所需时段曲线，网页界面见图 4.4.3，用痕量氢在线自动分析仪进行观测，首次实现了氢气浓度观测数字化，并记录到实时变化信息。在现场可通过 U 盘，从仪器上直接导出所需时段的数据。

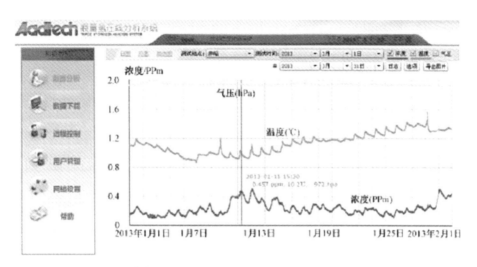

图 4.4.3　H_2 浓度观测实时监控网页界面（范雪芳，中国地震，2014）

4.4.1.1　仪器校准实验

为了分析不同运行时间长度下该类仪器传感器的稳定性问题，需确定该类仪器在现场标定的最长时间。文中所述研究对已经运行 3 年的夏县 1 测点和运行 6 个月的东郭测点仪器进行了标定，根据标定结果，分析该类仪器在连续观测时需要标定的时间指标。

1. 仪器长期标定

夏县 1 测点观测仪器 2010 年 3 月开始运行，运行时间 3 年，校准结果见表 4.4.1。

表 4.4.1　夏县 1 测点仪器 2 次标定结果

标定时间（年-月-日）	标准气体浓度（ppm）	标准气体体积（mL）	标定系数 K 值
2010-04-10	1000	0.005	0.02764
2013-05-07	1000	0.005	0.01983

按公式 4－1 计算 2 次标定的误差，若 $K_{老} = 0.02764$，$K_{新} = 0.01983$，则 2 次标定的 K 值误差为：

$$\sigma = \frac{K_{老} - K_{新}}{K_{老}} \times 100\% = \frac{0.02764 - 0.01983}{0.02764} \times 100\% = 28.3\% \qquad (4-1)$$

仪器运行约 3 年后，新、老 K 值误差已达 28.3%，可见在仪器连续观测中，氢传感器灵敏度会逐渐降低。

2. 仪器短期标定

东郭测点观测仪器 2012 年 11 月 27 日开始运行，运行时间近 6 个月，标定结果见

表 4.4.2。

表 4.4.2　东郭测点仪器 2 次标定结果

标定时间（年-月-日）	标准气体浓度（ppm）	标准气体体积（mL）	标定系数 K 值
2012-11-27	1000	0.01	0.14996
2013-05-07	1000	0.01	0.14147

按（4-2）式计算 2 次标定的误差，其中，$K_老 = 0.14996$，$K_新 = 0.14147$，则 2 次标定的 K 值误差为

$$\sigma = \frac{K_老 - K_新}{K_老} \times 100\% = \frac{0.14996 - 0.14147}{0.14996} \times 100\% = 5.66\% \qquad (4-2)$$

仪器运行约 6 个月后，新、老 K 值误差为 5.66%，可见在仪器连续观测中，6 个月内至少要对仪器进行一次现场标定，才符合仪器标定误差控制在 5% 以内的技术要求。

4.4.1.2　同一场地不同深度的观测试验

为了研究钻孔深度对断层氢气的背景值及其动态的影响，在同一地点相距数米的小范围内钻了深度分别为 7.4m、4m、8.6m 的孔，即夏县 1 孔、夏县 2 孔和夏县 3 孔。观测点布设在中条山山前大断裂与 NW 向隐伏断裂交汇处的夏县地震台背后山洞洞口，3 个孔均位于断裂带上，属同一构造。其基本情况见表 4.4.3。

表 4.4.3　断层氢气测点基本情况

测点	孔深（m）	管长度（cm）	背景值（ppm）	离测试断裂的距离（m）
夏县 1 孔	7.4	160	1.50	0
夏县 2 孔	4.0	150	0.65	0
夏县 3 孔	8.6	180	0.59	0
赤峪孔	7.0	60	0.25	400
东郭孔	6.5	60	1.44	2500

夏县 1 孔和 3 孔相距仅 3m，在同一观测室内，该处由于岩体破碎，孔隙和裂隙比较发育，易富集和贮存气体，是地下气体较易逸出的灵敏地段。观测孔均打到断层碎裂岩，孔深 7～9m。图 4.4.4 给出不同深度对比试验结果，相同时间段比较，夏县 1 孔和 3 孔变化形态非常相似，上升、下降变化同步，只是背景值有些不同。夏县 1 孔 2010 年 4 月开始实验观测，初始背景值 0.5ppm，随着观测时间的变化，测孔周围有几次中等地震发生，目前背景值已达 1.5ppm。夏县 3 孔背景值 0.5ppm，两个孔深度相差 1.2m，均呈显著的日变规律，背景值相对稳定，变化形态的一致性较好。夏县 2 孔和夏县 3 孔相距 13m，夏县 2 孔深 4m，

未到破碎带，从记录结果看，数据变化起伏和扰动较大，日变规律不清楚。由此可见，观测深度对氢气浓度的背景值及动态变化有一定影响，孔深达破碎带效果最好。

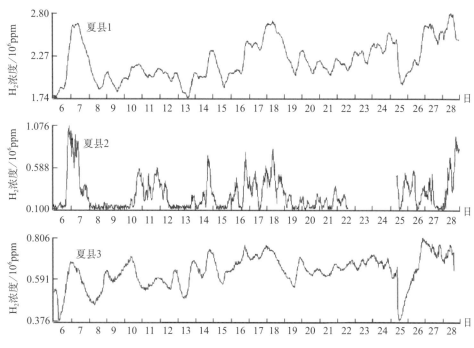

图 4.4.4　2013 年 2 月 6—28 日同一地点不同深度对比实验结果（范雪芳，中国地震，2014）

4.4.1.3　断层位置对氢气浓度观测结果的影响

在中条山断裂附近布设了夏县 1 孔、夏县 2 孔、赤峪和东郭 4 个连续定点测点（图 4.4.1），形成小的区域观测网。各测点基本情况如表 4.4.3 所示，几个测点基本位于中条山山前断裂及其附近，从记录结果（图 4.4.5）可以看出，在同一条断裂附近，小局域范围内氢气浓度出现准同步变化，能够比较好地反应同一断裂带地下气体的动态特征。各测点这种正常的动态变化，有利于识别构造活动及地震前兆异常信息，对捕捉短临前兆异常能够提供比较可靠的信息。

4.4.1.4　仪器工作温度的确定

仪器的工作温度对地震监测来说非常重要，比如室内地下流体水氡观测的室温要求为 15～25℃（国家地震局，1985），超出观测环境的温度范围可能影响仪器性能，且直接影响氡浓度的观测。按照痕量氢自动分析仪的特性，仪器的适应范围为 0～50℃，为了验证此指标，进行了如下实验。

1. 仪器抗寒能力实验

为了检验实验仪器的抗寒能力，将仪器放在野外临时简易活动房内。在 2012 年冬季至 2013 年第一季度进行了野外连续观测。图 4.4.6 给出了 2012 年 12 月 1 日至 2013 年 1 月 8

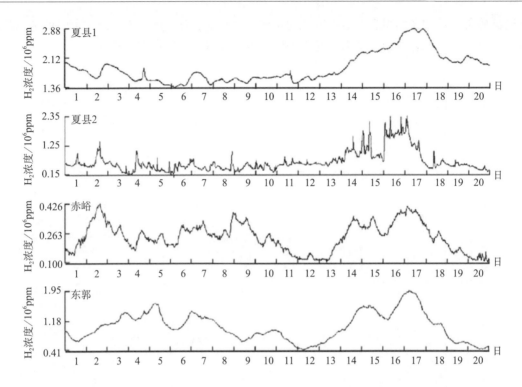

图 4.4.5　2012 年 12 月 1—20 日同一断裂带不同测点 H$_2$ 浓度变化曲线（范雪芳，中国地震，2014）

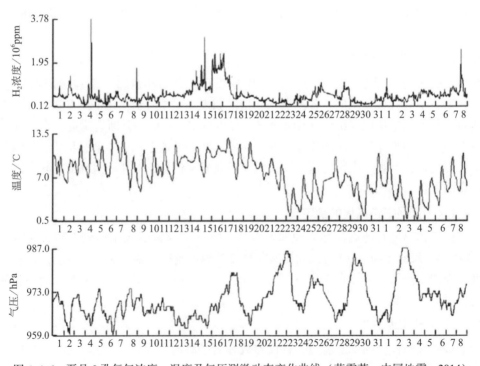

图 4.4.6　夏县 2 孔氢气浓度、温度及气压测微动态变化曲线（范雪芳，中国地震，2014）

日夏县 2 孔氢气浓度、温度及气压的观测记录，从图中可见，在最低温度为 0.5℃时，可以记录到氢气浓度、温度和气压的观测数据，仪器工作正常。可见痕量氢在线自动分析仪可以用于野外观测，0℃以上仪器正常工作。

2. 仪器最高温度实验

按照痕量氢自动分析仪的特性，仪器的适应范围在 0～50℃。图 4.4.7 给出夏县 2 孔 2013 年 4 月 1—18 日氢气浓度、温度的观测结果。从图 4.4.7 中可见，在温度达 40℃时，仪器能够记录到氢气浓度变化，工作正常。可见痕量氢在线自动分析仪在工作中对室温没有过高要求。

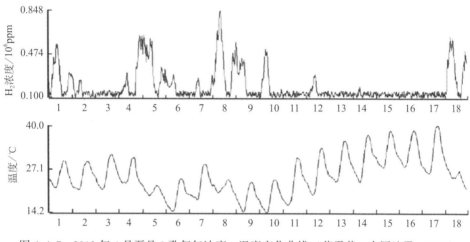

图 4.4.7 2013 年 4 月夏县 2 孔氢气浓度、温度变化曲线（范雪芳，中国地震，2014）

通过上面对断层氢气浓度的观测试验，得到如下初步认识：

（1）通过集气装置试验、现场仪器标定、仪器稳定性连续观测资料分析，认为痕量氢在线自动分析仪稳定性比较好，灵敏度高，可记录断裂带土壤中氢气浓度的变化；灵敏度达 1.0×10^{-9}，比普通气相色谱仪器的灵敏度提高了 4～5 个数量级。

（2）该类型观测仪器至少 6 个月应标定一次，以保证仪器观测值绝对量的可靠性。仪器辅助观测项包括环境温度和气压。断层气中氢气浓度观测工作实现了无人值守，数据通过网络实时传输，满足了中国地震局数字化观测的技术要求。

（3）观测点应布设在活动断裂的破碎带上。观测孔的深度应根据当地地貌、覆盖层厚度、植被、浅层地表水位等因素来确定。观测层位于破碎带的观测孔，观测值动态变化规律清晰。同一断层位置上的不同深度观测孔，观测结果具有准同步变化特征，当然观测孔较浅会对观测数据的稳定性有一定影响。

（4）分析同一断裂带不同测点的实验结果，发现在同一断裂及其附近不同测点会出现同步或准同步变化，这对异常的可靠性识别非常有利，在重点监视区或值得注意地区开展多测点断层氢气浓度观测，依据准同步异常变化信息，有望捕捉到有价值的短临地震异常信息。

利用断层土壤气预测地震是近年来发展起来的一种新方法，国内外在断层气观测实践中已获得大量震例，它已成为地震短临预测的重要手段之一。实践证明，断层土壤气观测的干扰因素（主要是气象因素）较为单一，年变规律清楚。经过短期试验认为，痕量氢在线自动分析仪适应能力较强，IP 地址直接到仪器，将观测数据通过网络实时传输，可实现在线浏览和分析，能够满足地震系统氢气观测技术的需要。另外，观测仪器很适用于野外观测，能够为地震短临监测提供新的技术支撑。

4.4.2　痕量氢观测在新疆的应用

新疆的南天山地区多年来一直属于新疆地震重点监视区域，近年来该区域内地震活动异常活跃。为加强对南天山地区震情的跟踪工作，2013 年 10 月 8 日，地下流体学科组在完成了前期的勘选工作后，在阿克苏架设了 ATG-6118H 痕量氢气在线自动分析仪，开展断层氢气定点连续观测。本节通过分析短期内积累的连续观测资料分析了观测点 300km 范围内 2 次中强地震前断层氢的异常特征，为推动断层氢气浓度观测在地震监测预报尤其是短临预报工作中的广泛应用提供了一定的参考经验。

柯坪断裂带，全长 460km，属于柯坪山与塔里木盆地的分界断裂，断裂走向为 NEE，倾向 NW，倾角为 30°～60°，呈向南突起的弧形。柯坪断裂是新疆 6 级以上发震频次最高的活动断裂，曾发生 1953 年三岔口 6 级地震、1961 年巴楚 6 级强震群、1972 年 6.2 级地震、1977 年西克尔 6.2 级地震与 1991 年 6.5 级地震。该断裂为全新世活动断裂。

观测点在构造上，处在库车坳陷和阿瓦提断陷的分界地带，其西为柯坪隆起，区内的主要断裂为柯坪断裂。柯坪断裂为南天山隆起与塔里木盆地之间的分界断裂，断裂西起八盘水磨，经西克尔、硫磺矿、阿恰向东北延伸，出露长度 200 多千米，断面倾向 70°左右，为左旋逆走滑性质，该断裂是一条全新世活动断裂（图 4.4.8）。

痕量氢观测点是在跨断层形变观测点的基础上建设的，形变观测点是 1992 年选建，1993 年 1 月投入观测至今。断层形变仪跨越柯坪断裂东端，观测仪器架设于通道式地下室内。地下室上覆层厚度 2m，室内年变温差 5～20℃。观测室内共架设 3 条断层形变测线，其中一条 MD-4211B 型浮子型垂直形变观测仪平行观测，并与断层走向呈 60°夹角架设，长 18m。另一条 MD-4211BA 型水平形变仪与断层垂直架设，长 12m。痕量氢观测点与断层形变使用同一观测室，通过现场断气层测试，结果显示断气层附近氢气值呈现明显高值，该方法在该观测点具有很强的适用性。

观测孔深 12.5m，采样集气装置剖面（图 4.4.9），下面埋有 3.5m 集气筒，有砂土砾石回填。根据氢气具有极强的渗透性和迁移性，容易垂直向上扩散的特点，集气装置安装在空口，采样量是 300mL/min×10s＝0.05L，采样间隔为 20min，集气装置中的气体通过扩散使气体达到新的平衡，测定的结果反映的是断层气体的真实变化。

痕量氢分析仪自 2013 年 11 月 9 日观测以来，背景值为 $13×10^{-6}$ 左右，观测数据变化幅度不大。分析处理 2014 年 1 月 1—31 日观测数据，结果显示氢浓度的变化与气温、气压有一定的相关性（图 4.4.10），使用一元线性回归分析，氢浓度同气温的相关系数 $\gamma=0.735$，呈正相关变化；氢浓度同气压相关系数 $\gamma=-0.565$，为负相关变化。如果气温升高，痕量氢浓度会上升；如果气压升高，痕量氢浓度会下降。

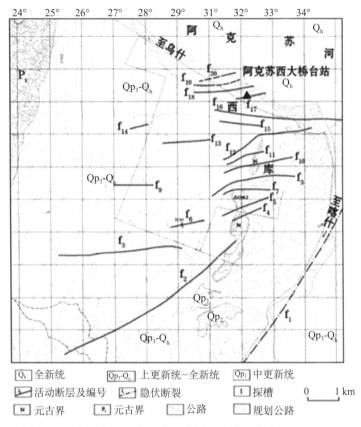

图 4.4.8　断层气观测点构造地质图（张涛，内陆地震，2016）

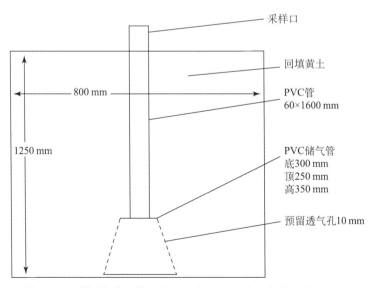

图 4.4.9　断层气集气装置剖面示意图（张涛，内陆地震，2016）

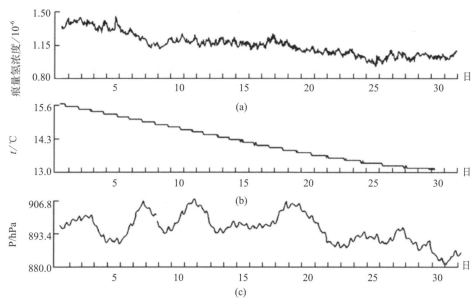

图 4.4.10　痕量氢 (a) 与气温 (b)、气压 (c) 动态变化曲线 (张涛, 内陆地震, 2016)

2013 年 11 月 9 日之后, 阿克苏痕量氢观测数据就处在加速上升变化中; 11 月 19—24 日由于仪器设备网络故障造成了缺数, 25 日恢复观测后痕量氢数据小幅度回落后 27 日再次加速上升 (图 4.4.11)。截至 2013 年 12 月 1 日, 阿克苏痕量氢累积上升幅度达到了 2.74×10^{-6}, 12 月 1 日距离阿克苏痕量氢观测点 120km 的柯坪县发生了 5.0 级地震。震后痕量氢浓度 12 月 3 日再次出现了小幅度的加速上升, 变幅为 1.02×10^{-6}, 12 月 4 日痕量氢快速下降; 截至 12 月 14 日痕量氢基本恢复到背景值附近。

2013 年 12 月 1 日柯坪 5.0 级地震前, 阿克苏痕量氢资料出现了加速上升的异常变化, 在对这组异常的认定上存在两种不同观点。

(1) 痕量氢异常未出现其他前兆预测项配套变化。

地壳释放大量的气体是一种较为普遍的自然现象, 但是这种现象在时间和空间上具有不均一性。前人研究成果与观测事实显示活动断层是地壳放气现象发生的主要部分, 尤其是在构造活动和地震活动活跃时期, 这种现象更是频繁发生。地下深部的气体从断裂岩石或土壤向外逸散或溶解在地下水中被带出地表。阿克苏痕量氢 2013 年 10 月开始正式观测, 11 月 25 日观测数据加速上升, 在加速上升过程中距离观测点 120km 发生了柯坪 5.3 级地震。处在同一个观测点的断层仪的数据在痕量氢资料出现异常变化的时间段未出现同步的异常变化。因此无法确定痕量氢浓度异常的异常来源。

(2) 痕量氢异常变化属于前兆异常。

断层活动中伴随的地壳放气是造成断层氢浓度增大的前提之一, 但是并不代表氢浓度异常的变化和断层活动的时间变化尺度一定存在一致性。在痕量氢资料出现异常时, 台站工作人员开展了异常核实工作。通过对周边环境调查发现: 无明显的环境干扰存在, 对仪器检查发现痕量氢观测仪工作正常。氢浓度的变化是真实可靠的变化, 反映了断层活动情况, 属于

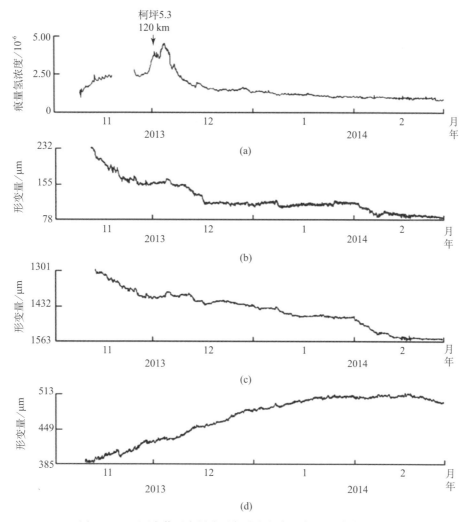

图 4.4.11　阿克苏西大桥痕量氢浓度与断层仪观测曲线对比图
（a）痕量氢浓度；（b）断层蠕变观测水平斜交分量；（c）断层蠕变观测水平直交分量；
（d）断层蠕变观测垂直分量（张涛，内陆地震，2016）

前兆异常。

　　2014 年 6 月 5 日，阿克苏痕量氢观测数据出现加速上升变化；6 月 20 日至 7 月 5 日数据开始大幅度波动上升，最大变幅达到 $1.18×10^{-6}$；截至 2014 年 7 月 5 日，阿克苏痕量氢累积上升幅度达到了 $1.90×10^{-6}$。7 月 6 日痕量氢资料再次加速上升，7 月 9 日距离阿克苏痕量氢观测点 254km 的麦盖提县发生了 5.1 级地震。震后痕量氢资料快速恢复至背景值，7 月 21日痕量氢资料再次出现大幅度的波动变化，最大变幅约为 $0.87×10^{-6}$；这种波动变化持续到8 月 15 日后数据开始迅速恢复，截至 8 月 18 日痕量氢资料基本恢复到背景值附近波动（图 4.4.12）。

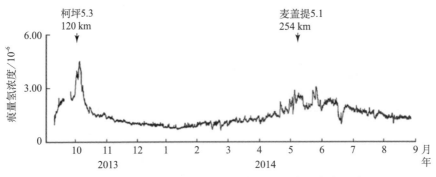

图 4.4.12　阿克苏西大桥痕量氢浓度观测曲线（张涛，内陆地震，2016）

2017 年 8 月 30 日 14 时起，阿克苏痕量氢观测数据出现快速上升变化，截至 9 月 2 日 16 点，浓度值由 1.18 上升至 4.02，为正常背景值 3.4 倍，同期辅助气温、气压测值无明显变化，经新疆地震局相关人员核实为震前异常，并填写了短期预报卡。9 月 16 日距离阿克苏痕量氢观测点 292km 的麦盖提县发生了 5.7 级地震。（图 4.4.13）。

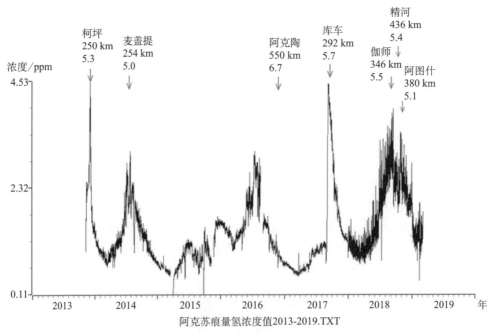

图 4.4.13　阿克苏西大桥痕量氢浓度观测曲线

通过对阿克苏痕量氢资料积累一年多的资料分析，对痕量氢的观测以及映震效能有了一些初步的认识。

（1）目前，作为地震前兆观测手段监测氢气浓度变化的观测仪器主要为气相色谱仪，但是其观测灵敏度较低，检测上限约为 10×10^{-6}，并且无法实现实时观测，而一般水中溶解气或土壤中的氢气浓度的背景值为 $0.5×10^{-6}$，甚至更低，用气相色谱仪很难检测到氢气的背景动态。但是 ATG-6118H 痕量氢气在线自动分析仪的传感器灵敏度可达 $1×10^{-9}$，并且可以连续观测以分钟值采样，可以更好地捕捉震前断层附近氢气浓度的异常变化过程。

（2）根据积累的观测数据，断层氢观测其背景值较为稳定，积累的震例显示震前出现的异常多为短期异常，且异常变化幅度较大，相对传统观测方法比较容易识别。

（3）通过对痕量氢观测数据分析发现，痕量氢资料在距离震中 300km 范围内的 2 次 5 级地震前出现的异常形态相似，具有较好的重复性。异常特征均表现为震前较短时间内，观测数据脱离背景值快速上升。

（4）通过一年多的连续观测，痕量氢观测仪器工作的稳定性较为理想，背景值较为稳定且不易受到周边环境的干扰。

经过多年的资料积累，断层气体可以较好地反映地壳温度和压力的变化情况，已经积累了许多地球化学气体组分的变化及其与地震的对应关系的震例资料，监测断层土壤气来进行地震预测已成为地震短临预测的重要手段之一。但对于氢浓度的异常特征以及异常机理的认知可能还需要更深入的研究工作来支撑。

第5章　高精度测汞仪器观测原理与仪器研制

断裂带记录了与地震密切相关的岩石和流体特性，同时也富含地震的孕育与发生信息，在台湾车笼埔断层与汶川地震断裂带上开展的科学钻探都证实了这一点。流体能够促发和影响前震、主震和余震，在地震前后扮演了重要角色。流体的运移与其发生的不均匀性渗透能够在断层上产生巨大的局部主应力，使断层失稳从而引发地震。

5.1　地震与汞观测

汞（Hg）元素在揭示断裂带流体与地震孕育发生的关系中发挥了重要作用。下地壳与上地幔的汞，在流体的携带或者压力梯度作用下沿着断裂或岩石裂隙向地表迁移，在断裂带上方形成的岩石、土壤和地下水中汞浓度异常，大量的模拟试验与实际地震表明，地震活动前后断层带附近汞含量的变化幅度很大（比正常起伏范围大几、十几甚至上百倍）。因此，近 20 年来，汞观测在地震监测预报和隐伏断层探测方面受到了广泛的重视，取得了非常大的效果。

5.1.1　汞元素物理化学参数特征

汞的主要物理化学特征如表 5.1.1 和表 5.1.2 所示，其中值得特别指出的特征：

（1）汞在地壳中含量很低（汞的宇宙丰度为 $0.284×10^{-6}$，在地球及其各圈层中汞的丰度依次为：地壳中 $0.089×10^{-6}$，地幔中 $0.010×10^{-6}$，地核中 $0.008×10^{-6}$，地球中 $0.009×10^{-6}$）；

（2）汞的熔点很低（−38.87℃），是常温下唯一呈液态的金属；

（3）汞离子半径为 $1.27×10^{-10}$m（Hg^+）和 $1.10×10^{-10}$m（Hg^{2+}），后者与 Cu、Ag、Au、Zn 等元素的离子半径接近，使汞有可能以类质同像形式进入含这些元素的矿物中；

（4）汞的饱和蒸气压、蒸发浓度、速率与温度变化有关，皆随温度的升高而急剧升高；

（5）在高温条件下，汞的化合物、配合物趋于不稳定，汞易于在气相中富集。

表 5.1.1　汞的主要物理化学参数

元素符合	原子序号	原子量	原子体积 （cm³/g）	原子密度 （g/cm³）	熔点 （℃）	沸点 （℃）	电子构型	电负性	地壳丰度 （×10⁻⁶）
Hg	80	200.59	14.8	13.5939	−38.87	356.58	$5d^{10}6s^2$	1.8	0.08

地球化学 电价	原子半径 （10⁻¹⁰m）	共价半径 （10⁻¹⁰m）	离子半径 （10⁻¹⁰m）	电势差 （eV）	还原电位 （V）	离子电位	EK 值
0，+1，+2	1.503	1.49	1.10（+2） 1.27（+1）	10.43	$Hg^+ \to Hg$，0.851	1.82（+2） 0.79（+1）	0.93（+2） 2.10（+1）

表 5.1.2　汞的蒸气压、蒸发浓度、蒸发速率与温度的变化关系

温度（℃）	10	20	30	40	50	60	70	126	204	290	323
蒸气压 （mm（Hg））	—	0.0013	—	0.0063	—	—	0.05	1	20	200	400
蒸发浓度 （ng/ml）	5.87	13.2	29.50	62.60	126.00	240.00	608.00	—	—	—	—
蒸发速率 （m³/min）	1.43	3.72	8.44	18.5	—	—	—	—	—	—	—

　　汞的特殊物理化学性质及地球化学特征，使得汞在很多领域有不可替代的用途，例如，电器和仪表工业中用于制造气压计、温度计、整流器、电路开关、荧光灯等；化学工业用汞作阴极电解食盐，生产烧碱和氯气；军工生产中使用雷汞；塑料、燃料行业用汞作催化剂；医药及农业生产中使用含汞防腐剂、杀菌剂、灭藻剂、除草剂等等。在使用这些含汞产品时，应注意防护，避免引起汞中毒。目前环境中存在大量的汞污染，对地球生物的危害性很大。据报道，世界上约有 80 多种工业生产需要用汞作原料或辅助材料，每年散失在环境中的汞估计达 5000t，由于汞在环境中富集且难以消除，因而汞污染极大且持久。因此，检测水源、土壤、食品中的汞含量，对于人们的日常生活和健康至关重要。

5.1.2　汞的地球化学行为

　　汞的地球化学行为主要取决于它的物理化学性质及其所处的外部环境，如密度、熔点、沸点、水中的溶解度、蒸发速率（见表 5.1.1 和表 5.1.2）。由于汞的密度大、熔点低、沸点高，具有极强的挥发性及穿透能力，使得汞主要以气态形式迁移。且汞所组成的化合物在水中有一定的溶解度，所以汞亦可以水溶液的形式迁移。

　　自然界中的汞有三种不同价态：即 Hg^0、Hg^+、Hg^{2+}，在适当的物理化学和生物化学条件下，它们之间可以相互转化，以某种形式存在的不活动汞转化为另一种存在形式时，汞可以再度活化，形成 Hg^0，其转化方式如下：

$$2Hg^+ \Leftrightarrow Hg^0 + Hg^{2+}$$

这种作用对汞气异常的形成是非常重要的。

汞的天然污染,如火山爆发、地壳物质排气、海洋蒸发、河流等均可向环境释放汞。汞观测在地震前兆观测和活断层探测中具有很大的作用。地壳中汞的丰度约为 $0.089×10^{-6}$,比在整个地球中汞的丰度可能要高得多。地壳中的汞可以以硫化物(HgS)的形式呈富集状态,但99.98%的汞呈吸附与吸留方式分散存在。地壳中汞的来源很多,有岩浆成因的,也有大气降雨渗入成因的。一般来说,汞在超基性岩中趋于富集,在碱性岩与碳酸盐中也较富集。汞蒸气具有较强的穿透能力,可以沿着地壳中的破碎带与岩石中的空隙向四周扩散,形成汞气晕。因此,断裂带特别是深大断裂带上,无论在岩土还是地下水中的汞的含量明显偏高。

5.1.3　地震对汞的地球化学行为影响

汞来源于地幔、岩浆及岩石。呈独立矿物富集成矿,有的可呈类质同像、杂质混入物和气液包裹体存在于岩石和硫化物中;有的则呈气液态赋存于封闭的岩石孔隙和构造裂隙中。在地表岩石、土壤和地下水中汞浓度异常,测定不同介质中汞的变化可推断断裂带深部汞的迁移与富集规律,进而预测地震的发生。

在地震孕育过程中,由于震源附近应力集中,强大的压力和热能使周围岩石破坏,产生断裂并导致地震的发生。在此过程中,由于温度、压力的剧烈变化,使各种汞化物升华,随着温度的剧烈升高,汞的升华速度随之不断加快,汞蒸气浓度不断增高,容易富集在断裂处附近,并沿着断裂或岩石裂隙向地表迁移。当穿过上覆不同介质(岩石、水、土壤等)的盖层时,可以被吸附、吸留或溶解在不同介质中形成汞气异常,使地震活动区汞含量比外围地区高,并沿着构造通道可以迁移很远,直到地表上方大气中。

汞含量异常超前地震活动出现,和其他的观测项目相比,异常幅度大(一般超出背景值的几十倍,最高可达100倍);在距震中200km范围内发生的 $M_S5.0$ 左右地震前,一般可观测到较明显的异常;异常持续时间随震级增大而增长,并大多在震前结束。多年的观测结果证明:在地震监测预报中监测断层气中汞的浓度是非常重要的,有助于提高地震预报水平。

5.2　汞观测技术的发展现状

5.2.1　汞观测技术的发展

20世纪60年代中期,苏联研究学者对土壤样品中气汞分析,结果显示:土壤中气汞异常的起伏变化与断裂带的位置对应较好,即汞的最高浓度出现在地震活动最多的深断裂区,因而认为气汞异常浓度随着地震活动的变化而发生相应的变化。

中国地震局(原国家地震局)从1984年起,开展"汞观测技术在地震监测预报方面的可行性研究"工作,把测汞技术引用到地震监测预报中。经过20多年的汞观测实践和室内模拟与野外观测实验，证实汞的动态异常变化与地震活动在时空分布上密切相关，特别是在地震短临监测预报中可以发挥显著作用。

我国汞观测主要经历了模拟和数字化汞观测两个阶段。模拟水汞观测始于20世纪90年代，主要观测仪器有 XG-3 型、XG-4 型、XG-5 型测汞仪与 XG-5Z 型塞曼测汞仪等，目前在台站应用最为广泛的是北京地质仪器厂早期研制的 XG-4 型测汞仪。在开展井（泉）水汞观测及科研工作的同时，断层带土壤气汞和井口逸出气汞测量也同样受到重视。水汞观测和断层带土壤气汞的定点观测在地震短临预报中取得了明显成效，地震流体监测预报研究者也希望能追踪捕捉到在地震孕育过程中甚至发震时汞的连续动态变化，为此提出了对汞量实现连续自动化、数字化观测的要求。

1996 年国家地震局分析预报中心研制了 DFG-B 智能测汞仪，主要适用于逸出气汞和土壤气汞的动态观测，同年在广东汕头一口静水位观测井上安装该测汞仪并开展地下水逸出气汞的定点连续自动观测实验，使汞量地震前兆观测技术向数字化迈出一步。但是该仪器在实际观测过程中，由于整体电路设计问题或其他原因，经常发生电路短路、显示屏字符混乱等情况，仪器抗干扰能力与自身稳定性较差，故障率较高。且在仪器需要维修时，由于仪器是在数年前生产，原研制生产单位已经停产或解散，相关仪器配件也已不再提供，导致一些观测台站的 DFG-B 型数字化智能测汞仪运维问题凸显，一旦出现故障或元件损坏，无法购买相应配件，更谈不上仪器的正产运行和观测。在"九五"与"十五"期间，另一款数字化连续观测的主要观测仪器 RG-BQZ 型数字化智能测汞仪故障率也较高，且灵敏度偏低，观测不到汞气的背景值，观测数据曲线多有毛刺，动态规律性差，这些问题严重影响了观测数据的连续性与质量。

近年来，由于国内外汞观测技术在环境监测中的广泛应用，基于光谱原理和金汞齐原理的高分辨率、高稳定性汞观测仪器相继研发成功，如俄罗斯 Lumex 公司的 RA915+塞曼效应测汞仪、意大利 Milestone 公司的 DMA-80 直接测汞仪和杭州超钜科技有限公司研制的 ATG-6138M 型测汞仪等，为分析痕量汞的正常动态以及获取稳定性观测数据提供了技术保障。

5.2.2 汞观测方法以及仪器

5.2.2.1 汞观测方法

汞观测在地震、地质、环保等领域已得到广泛应用，用于不同目的的测汞方法约有 20 多种。按照测定汞所在物质可以分为气汞测定、水汞测定和固态汞测定，较为普遍应用的是气汞和水汞测定。根据分析方法原理的不同，汞测定分为分光光度法、原子吸收法、原子荧光法、发射光谱法、色谱法和金膜测汞法等。这些分析方法通常先使汞分离或富集，再通过相应的分析仪器进行汞含量的测定。

1. 分光光度法

分光光度法是通过测定被测物质在特定波长或一定波长范围内光的吸光度或发光强度，对该物质进行定性和定量分析的方法。其基本原理是当一束强度为 I_0 的单色光垂直照射含汞的某物质溶液后，由于一部分光被体系吸收，因此透射光的强度降至 I，则溶液的透光率

T 为：

$$T = (I_0 - I)/I_0 \qquad\qquad (5-1)$$

根据朗伯-比尔（Lambert-Beer）定律：

$$A = abc \qquad\qquad (5-2)$$

式中，A 为吸光度，a 为吸光系数，b 为溶液层厚度（cm），c 为溶液的浓度（g/dm³）。其中吸光系数 a 与溶液的本性、温度以及波长等因素有关。溶液中其他组分（如溶剂等）对光的吸收可用空白液扣除。

由（5-2）式可知，当吸光系数 a 和溶液层厚度 b 固定时，吸光度 A 与溶液的浓度成线性关系。在定量分析时，首先需要测定溶液对不同波长光的吸收情况（吸收光谱），从中确定最大吸收波长，然后以此波长的光为光源，测定一系列已知浓度 c 溶液的吸光度 A，作出 $A \sim c$ 工作曲线，如图 5.2.1 所示。

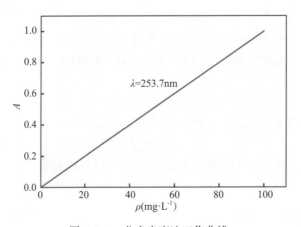

图 5.2.1　分光光度法工作曲线

分光光度法也是最早期应用于测量微量汞的一种方法，包括双硫腙分光光度法、若丹宁偶氮法、三氮烯类、催化动力学、Hg-X-阳离子染料体系等。普遍采用 0.005% ~ 0.01% 的双硫腙四氯化碳或苯等有机溶剂萃取，PH 值一般为 4 ~ 5，掩蔽剂通常使用 EDTA、硫氰酸铵和醋酸等。这种方法具有仪器设备简单、操作简便、分析成本低等优点，但是操作步骤较繁琐，方法检出限较高，抗干扰能力不足。

2. 原子吸收法

采用冷原子吸收法测定水样中总汞的方法较为普遍。由于原子能级是量子化的，因此，在任何情况下，原子对辐射的吸收都是有选择性的。各元素的原子结构和外层电子的排布不同，元素从基态跃迁至第一激发态时吸收的能量不同，因而各元素的共振吸收线具有不同的特征。由此可作为元素定性的依据，而吸收辐射的强度可作为定量的依据。

　　冷原子吸收法测汞的原理是根据汞蒸汽对波长 2537Å 的紫外光强烈吸收，利用光敏元件直接或间接对紫外光强度的反应而确定被测物质中的汞含量。被测元素（汞）的基态原子整齐对同种元素（低压汞灯）发射的 2537Å 特征辐射光选择性吸收，在一定浓度范围内，均匀吸收介质中透射光的强度和基态原子浓度的关系服从朗伯-比尔定律，即

$$I = I_0 e^{-K_v L C} \tag{5-3}$$

式中，I 为透射光强度，I_0 为入射光强度，K_v 为吸收系数，L 为吸收层长度，C 为基态汞原子浓度。整理上式可得

$$C = KAA = \lg \frac{I_0}{I} = \lg \frac{1}{T} \tag{5-4}$$

式中，A 为吸光度，T 为透光率（$T = \dfrac{I}{I_0}$），K 为比例系数（$K = 2.3 / K_v \cdot L$）。从（5-4）式中可知，吸收室中汞原子浓度与吸光度成正比。

　　原子吸收光谱法测量时，样品处理方法是在酸性溶液中用高锰酸钾溶液加热，氧化低价汞，用羟胺还原过量 Mn 离子，$SnCl_2$ 还原高价汞 Hg^{2+} 离子。该方法具有较高的灵敏度、较低的检出限和测定下限，且操作简便，是目前较为成熟的痕量汞测定方法。但是此方法需要进行样品前处理，试剂中的汞含量会干扰样品的检测准确度。

　　3. 原子荧光法

　　原子荧光法测汞属原子发光类型—光致发光，是在原子吸收法的基础上引入荧光技术，其原理是将称量好的样品经微波消解后试液进入原子荧光光度计，在硼氢化钾溶液还原作用下，汞被还原成原子态。在氩氢火焰中形成基态原子，低压汞灯发射的 253.7nm 光束通过透镜照射在经汞蒸气嘴进样的汞蒸汽时，使汞原子被激发而产生荧光，荧光再经第二块透镜聚焦于光电倍增管而放大信号，再由表头或记录仪记取信号，从而获得汞的含量。被测的汞蒸气必须要用高纯氮气作气体动力源，将样品汞蒸气推至原子池内并流出。基态汞原子被汞光源激发至高能级，但处于不稳定状态，返回至基态时，辐射出荧光，以球面状向周围发射。根据数学统计的原则，认为各方向的辐射能均衡，光电倍增管是平面接收，只接收某一方向辐射来的汞原子荧光，接收荧光的光电管与汞灯源成 90° 直角，光学陷井吸收汞光源多余的入射光，原子荧光随浓度的增加，它的荧光强度增大到某一限度后会下降，如图 5.2.2 所示。浓度太高，原子荧光产生自吸收。

　　其样品处理方法与原子吸收法相同。原子荧光法比原子吸收法灵敏度高，线性动态范围宽，原子化器和测量系统记忆效应小。但是原子荧光法易受载气和荧光光源影响，导致测定结果不准确。

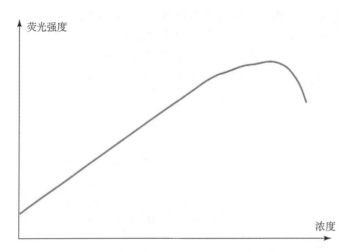

图 5.2.2　荧光值随汞液浓度增加的变化曲线

4. 发射光谱法

原子发射光谱法是根据待测物质的气态原子或离子受激发后所发射的特征光谱的波长及其强度来测定物质中元素组成和含量的分析方法。其分析的过程一般有光谱的获得和光谱的分析两大过程。具体可分为：

（1）使样品在外界能量的作用下变成气态原子，并使气态原子的外层电子激发至高能态。处于激发态的原子不稳定，一般在 10s 后便跃迁到较低的能态，这时原子将释放出多余的能量而发射出特征的谱线（汞的特征谱线）。

（2）把所产生的辐射用棱镜或光栅等分光元件进行色散分光，按波长顺序记录在感光板上，可得有规律的谱线条即光谱图。

（3）检定光谱中元素的特征谱线的存在与否，可对样品进行定性分析；进一步测量各谱线的强度可进行定量分析。

此方法灵敏度高，分析速度快，但是需要与质谱仪联用测定汞含量。其样品前处理方法与原子吸收法类似，加入一定的还原剂和掩蔽剂，通过捕汞管富集汞蒸气，将捕汞管的金丝取出置于光谱仪中测量。

5. 色谱法

色谱法一般用于有机汞的形态测定，包括气相色谱法、液相色谱法和离子色谱法。其原理是样品经过一些化学前处理，由于色谱柱内填充有固体相，试样通过色谱柱时，就会与固定相发生作用。因各组分在性质和结构上的差异，与固定相发生作用的大小强弱也有差异，因此在同一推动力的作用下，不同组分在固定相中的滞留时间有长有短，各组分彼此分离，从而按先后不同的次序从固定相中流出，如图 5.2.3 所示。针对汞元素使用相应的检测器进行检测，收集信号。根据检测信号与洗脱时间或洗脱体积的函数关系得到的图称为色谱图，如图 5.2.4 所示。柱中物质的谱带移动存在着两种趋向：峰间距的增加和峰的扩展。

色谱分析法速度快，灵敏度高，但是测量结果的准确度取决于进样量的重现性和操作条件的稳定性，对于定性实验结果较为稳定，定量实验结果往往有偏差。

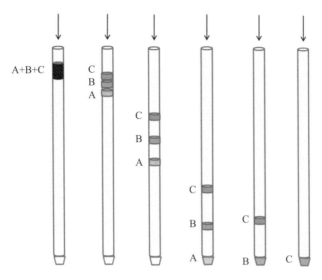

图 5.2.3　色谱洗脱过程原理图

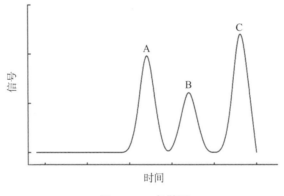

图 5.2.4　色谱图

6. 金汞齐法

金汞齐法亦称金膜测汞法（Gold-film Hg），1979 年美国的研究学者首次研制出金膜测汞仪，其原理是利用金膜电阻作为敏感元件，在吸附流经其表面的汞蒸气后，电阻值发生变化，电阻的增量在相当大的范围内（ng）与吸附的汞量成正比。因此，测量电阻的增量就可以得出气体中汞量。在汞含量吸附较低时，阻值变化与吸附汞量的线性关系可由附加电阻率的关系式说明：

$$\rho = BZ^2X(1-X) \tag{5-5}$$

式中，B 为常数，因不同金属而异，Z 为杂质原子和基本金属原子的价电子差数，汞是 2
价，金是 1 价，则 Z 为 1。X 为杂质原子的浓度，通常取

$$X = \frac{\text{杂质原子个数}}{\text{基体金属原子个数}} \qquad (5-6)$$

显然，在 $X \leqslant 1\%$ 的情况下，用 $\rho = BX$ 代替 $\rho = BX(1-X)$ 所带来的相对误差是允许的。

$$\frac{\rho' - \rho}{\rho'} = \frac{BX - BX(1-X)}{BX} = X \leqslant 1\% \qquad (5-7)$$

式（5-7）说明，在杂质浓度（汞气）很低的情况下，附加电阻率和杂质浓度可看成
正比关系，即：

$$\rho' = BX \qquad (5-8)$$

当杂质浓度增加到一定程度时，由于 $\rho = BX$ 和 $\rho = BX(1-X)$ 不能近似，上述公式不能
成立，即阻值变化呈非线性，金膜吸汞达到"饱和"状态。这时，可通过将金属薄膜在
150℃下加热 10min 以除去所吸附的汞，使其再生成敏感元件，因此可反复使用，大大节约
了分析成本。同时，由于金膜既是敏感元件，又是富集元件，使得金膜测汞法可对气体直接
进行现场测定，测定的结果更加准确，工作效率也更高。另外，金膜传感器性质稳定，选择
性强对单一的 SO_2、CO_2、CO、CH_4 等气体无反应。与光谱测汞仪相比，金膜测汞仪结构简
单，不受 H_2O、O_3、SO_2 各种有机化合物以及细小灰尘等干扰物质干扰，更适用于复杂环境
的汞检测。

目前，采用上述这些方法测定样品中的汞含量，通常需要对样品进行前处理，加入一些
化学试剂对其中的汞进行萃取还原。例如在酸性溶液中用高锰酸钾溶液加热消化，用羟胺还
原过量 Mn 离子，以 Sn^{2+} 还原 Hg^{2+}，采用原子吸收光谱予以测定；在碱性溶液中用疏基棉富
集汞，再经盐酸洗脱，以苯溶液萃取，采用色谱法测定汞含量。在样品预处理过程中，加入
的酸或其他还原剂均含有大量汞离子，对检测结果有很大影响。因此，发展简便、高精度
的汞观测技术至关重要。

5.2.2.2　汞观测仪器

汞量测量技术在环保、食品、医疗、探测隐伏断层、地质构造及有色金属、石油、天然
气等矿产资源方面得到广泛的应用。特别是近 20 年来，我国测汞技术发展很快，研制并生
产了一批性能良好的各种类型的测汞仪器。

我国汞观测台网是地震地下流体四大前兆台网之一，测项主要包括人工观测地下水溶解
汞（总汞）和自动观测地下水逸出气汞（零价汞）。

国内的地震观测用测汞仪器原先主要采用冷源子吸收方法为主，例如早期地震系统原有
数字化汞测量的主要观测仪器 DFG-B 型和 RG-BQZ 型数字化智能测汞仪。这类数字化测汞

仪由单光束光路系统、气路系统、光电转换系统、检测电路、计算机控制电路、显示和键盘电路及响应软件组成。它是根据基态汞原子对于汞原子被激发所产生的 2537Å 特征谱线选择吸收原理工作的。该类型仪器精确度为 2.5%～3.0%，检出限为 0.008ng（汞），灵敏度为 0.008ng（汞），基线稳定度为 0.0008～0.001ng/30min。仪器适用温度为 10～40℃，供电电压为 AC220±15%、DC11～13.5V，通过描述的技术指标显示，因为灵敏度不够，该仪器无法精确检测分析空气中汞含量的背景值。

另外，中国地质科学院地球物理地球化学勘察研究所开发的主要用于化探样品中的痕量微量汞分析的 XG-7Z 塞曼原子吸收测汞仪亦可用于观测水中汞浓度含量。该仪器采用基态汞原子对汞灯的特征辐射光选择性吸收的原理工作，利用塞曼效应校正背景。其工作原理：利用横向塞曼效应，使汞灯辐射的 2537Å 谱线分裂而产生的 π 和 σ 的两个谱线作为分析和参考波长，应用光的检偏技术，将它们在时间域上分开。在实际使用中可利用该方法克服样品中的少量硫化物和有机物的干扰。但当硫化物和有机物较多时，则显示该方法有一定局限性，需配以其他方法验证。

XG-7Z 光路工作如图 5.2.5 所示：置于永久磁铁（1）工作间隙里的无极放电汞灯（2）辐射出来的既有偏振方向不同又有波长差异的 σ 光和 π 光，经准直透镜（3）变为平行光束。此光束通过旋转偏振器（4）时被分别调制成时间上交替出现的 σ 光和 π 光的光脉冲信号。经过半透明反射镜（7）分为测量和参比两部分，参比信号直接射到参比（R）检测器（8）上，监控光强变化，用于测量的光束通过对吸收室（9）后照射于测量（S）检

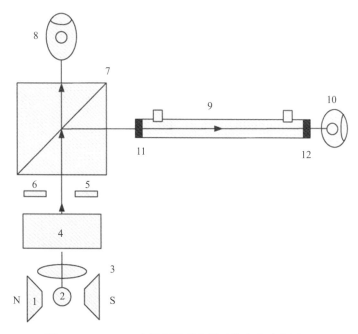

图 5.2.5　XG-7Z 塞曼原子吸收测汞仪光路示意图

1. 永久磁铁；2. 微型无极汞灯；3. 凸透镜；4. 旋转检偏振器；5. π 相分相位传感器；6. σ 相分相位传感器；7. 半透半反镜片；8. 参比道（R）检测器；9. 吸收室；10. 信号（S）道检测器；11、12. 透紫外石英片

测器（10），测量吸收室内汞的浓度。参比检测器和测量检测器通道输出的电信号分别送至各自的放大、解调电路进行信号处理。

国外测汞仪的厂家生产的测汞仪很多，主要也是以原子吸收测汞仪为主，例如美国利曼公司生产的 HydraIIC，俄罗斯 Lumex 公司生产的 RA915+塞曼效应测汞仪，意大利 Milestone公司生产的 DMA-80 直接测汞仪等。HydraIIC 全自动测汞仪可直接对样品进行检测。将称重好的样品盛在镍舟上，检测时在高温条件下通氧促进样品燃烧（分解）。载气携带产品气进入催化剂除去卤素、氮氧化物和硫氧化物，剩余的含单质汞的燃烧产物通入金汞齐管。金汞齐捕获所有的汞然后加热释放出汞进入冷原子吸收检测器进行检测。通过测量高灵敏度光学池和低灵敏度光学池的瞬时信号，对两个信号峰进行积分并结合两个光学池的最佳校准曲线生成检测报告。

原子吸收光谱仪由光源、原子化系统、分光系统、检测系统等几部分组成。通常有单光束型和双光束型两类，如图 5.2.6 所示是双光束型原子吸收光谱仪工作原理示意图。光源发出的连续波长的光经单色仪后固定为某一波长的光，经过半透射半反射镜（M_1）后，分成两束光，一束经过参比吸收池（R），一束经过样品吸收池（S），再由全反镜和半透射半反射镜将两束光汇聚到检测器上（通常使用 CCD），进行数据处理与现实。

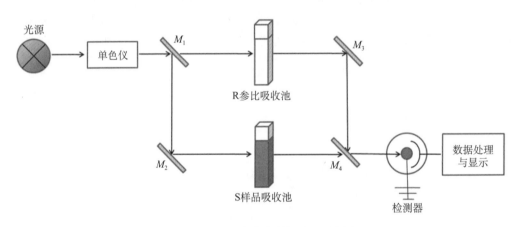

图 5.2.6　原子吸收光谱仪原理示意图
M_1. 半透射半反射镜；M_2. 全反射镜；M_3. 全反射镜；M_4. 半透射半反射镜

除了采用光谱原理测汞外，金膜测汞仪以其灵敏度高、操作简便、抗干扰能力强等优点，也是测汞仪尤其是高精度测汞仪研究发展的方向。目前进口的有美国 AZI 公司生产的Jerome 金膜测汞仪，其测量范围：$0.5 \sim 999 \mu g/m^3$，最低检测限 $0.5 \mu g/m^3$，在 $1 \mu g/m^3$ 时的相对标准偏差为 15%，该仪器因主要用于汞污染环境检测，所以不能实现大气背景值的汞测定，无法满足地震监测痕量汞检测的需要，基于地震检测的汞含量低、气量少、观测时间长、环境恶劣等特点，迫切需要研制一种地震专用的高灵敏度、高稳定性、强环境适应力的高精度测汞仪。国内虽然对金膜测汞研究起步较晚，但是发展迅速。基于纳米薄膜和金汞齐特性，杭州超钜科技有限公司已成功研发 ATG-6138M 痕量汞在线分析仪等系列产品，可以连续在线精确检测空气中超痕量汞气含量，该仪器采用复合薄膜传感技术，灵敏度高，能

测量大气中低至 5×10^{-13}g 汞气含量，相对于原子吸收式汞分析仪因空气中含水蒸汽和有机烃等物质产生干扰，该款仪器中的金膜传感器对汞元素具有良好的稳定性和选择性。因此，常用于环境空气质量和水质监测、汞泄漏、气体地球化学找矿、地震监测、质量控制等领域。

表 5.2.1 列出目前国外主要的测汞仪器的性能比较。

表 5.2.1　不同测汞仪性能的比较

仪器名称	检测原理	检测限 ng/m³	量程 ng/m³	载气流量 mL/min
RA-915AM	塞曼原子吸收	0.5	0.5～2000	>10000
Hydra II C	原子吸收	1.0	0.001～1500	100～350
DMA-80	原子吸收	0.5	0.0005～3000	200
DMA-1	原子吸收	1.0	0.001～1500	100
ATG-6138M	金膜测汞	0.5	0.5～10000	300

5.3　新型汞传感器的研制

光谱原理测汞仪器易受空气中水蒸汽和有机烃等物质的干扰，影响测试稳定性及准确性。而金膜测汞法对汞元素具有良好的稳定性和选择性。因此，金膜测汞技术成为当前研究的一个重要方向。美国环保总署（EPA）及欧盟制定的标准汞分析方法已确立采用金汞齐原理观测超痕量汞。这是一种高灵敏度的观测方法，极大提高痕量汞观测数据的可信度，与此同时，对检测仪器的精确度亦提出了极高要求。

5.3.1　工作原理

浓缩汞的方法有多种，例如可以用络合剂萃取，电解凝积，活性炭吸附、用含有特殊基团的螯合树脂或泡沫塑料吸附、以界面活性剂浮洗汞离子等方法，但这些方法操作繁琐费时，效果不佳。汞样品采集方法有化学法和汞齐化法两大类，汞齐化法对气态汞有很高的收集效率，灵敏度高，是目前应用最广的分离富集大气汞的方法。汞齐化法测定超微量汞，即痕量汞，具有较高的灵敏度，操作步骤简单，且可避免样品富集过程中溶液的干扰。

5.3.1.1　汞齐化法

汞齐是指汞与别的金属共同组成的一种合金。汞齐有两类，一类是天然汞齐，其主要有银汞齐和金汞齐。银汞齐含银量为 27.5%～95.8%，具有 Ag_2Hg_3，$Ag_{36}Hg$ 的化学式组成。金汞齐含金量为 39%～43%，主要产于德国、挪威、法国、西班牙、瑞士等国。另一类是人工汞齐，其主要有钠汞齐、钾汞齐、锌汞齐、银汞齐、铅汞齐、铊汞齐、锡汞齐、镉汞齐、金汞齐等。根据汞在汞齐中所占的比例，可分别形成液态的、固态的或膏状的汞齐。金属溶于汞生成汞齐时，常会放出大量的热，如钾和钠与汞在研钵中研磨，反应很剧烈，常会因放热而使钠、钾达到着火点而剧烈燃烧起来。这一现象的发生，可能和下列平衡的发生以及离子型化合物的部分生成有关。尽管在生成汞齐时放出热量，但是包含在汞齐中的金属并不改变其本身的化学性质。

$$M+Hg=M^++Hg^-$$

汞虽可与多种金属形成汞齐，但各种金属与汞生成汞齐的难易相差颇大。金、银等金属极易与汞结合，在常温下几乎一触即合；而铜则在研磨得很细或加热时，才能结合；其他如铁、锰、镍等则几乎不能结合。形成汞齐的难易程度，主要取决于金属在汞中的溶解度。一般来说，与汞性质相近的金属易于溶解，元素周期表中的同族元素，随原子序数的增加，在汞中的溶解度也增加。

汞齐在化学应用上有着十分重要的意义。汞齐可以用于提取贵金属金和银，我国著名的鎏金术就是应用金汞齐，金和银易被汞所浸润形成汞齐，经过蒸馏就可得到金子；汞齐在有机化学上用作还原剂，例如钠汞齐从水中置换出氢；铊汞齐可以作低温温度计，只有在低于 -60℃ 的低温下才会凝固，适用于一些特殊要求的工业生产中；汞齐还可以用于制作玻璃镜子，早在公元前 2 世纪，我国就制成了一种锡汞化合物，它具有很强的反光性，并与玻璃有极好的结合力；此外，汞齐也可以用作牙科材料，一些汞齐经慢慢混合后，极易凝固，加热时易于软化，但在人体温度范围内，却是很硬的，用于镶嵌牙齿。

在贵金属中金被认为对汞有最强的吸附力。金与汞在室温下即可发生汞齐化反应，而当温度在 500～1000℃ 范围内，汞可以很快地与金发生分离。金汞齐化反应不受常见气体如氢气、氧气、二氧化碳等影响。与汞分离后的金元素不发生任何改变，仍保持其物理和化学特性，且可再次与汞齐化反应。其反应原理为：

$$Au+Hg=AuHg$$

5.3.1.2　金膜测汞仪原理

金膜测汞仪汞气测试流程图如图 5.3.1 所示。待测气体通过采样系统进入仪器，经粉尘过滤器过滤固体小颗粒，再通过酸性气体过滤器消除干扰酸性气体，进入金膜传感器进行检测，测量结束后，废气经过滤器处理后排出。新型汞传感器结构简单，其核心部件是基于金汞齐原理研制的纳米复合金薄膜，对汞具有很强的吸附特性，形成金汞齐，在一定温度下，也可通过加热快速释汞。根据量子统计学，纯金属中掺入杂质时，杂质原子或代替原来金属原子在晶格中的位置，或填入晶格间隙，引起对电子的附加散射作用，从而产生附加电阻率，宏观上表现为金属的电阻增大。根据这一原理，在很薄（只有几百埃）的膜表面吸附汞蒸气以后，薄膜的电阻值就会明显地增高，而且在 $10^{-13}～10^{-7}$ 量级汞范围内，其阻值变化与吸附汞量呈线状关系。因此，可以通过测量薄膜电阻的变化，获得痕量汞的吸附量，从而得到样品中汞含量。

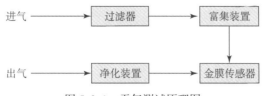

图 5.3.1　汞气测试原理图

5.3.2　传感器的制备

真空镀膜技术是一种新颖的材料合成与加工的新技术，是表面工程技术领域的重要组成部分。它是在真空（即残余气体压强很低的系统）环境中，把蒸发源材料加热到相当高的温度，使其表面组分以原子或分子形式获得足够的能量，脱离材料表面的束缚而蒸发到真空中，成为蒸气原子或分子，它以直线运动穿过空间，当遇到待淀积的基片时，就淀积在基片表面，形成一层很薄的纳米金属膜，如图 5.3.2 所示。真空镀膜过程可分为三个步骤：

（1）靶材的气化：即使靶材蒸发，异华或被溅射，也就是通过靶材的气化源。

（2）靶材原子、分子或离子的迁移：由气化源供出原子、分子或离子，经过碰撞后，产生多种反应。

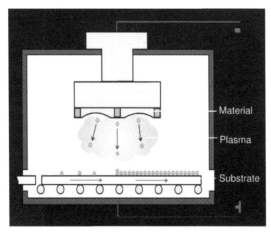

图 5.3.2　真空镀膜原理图

（3）靶材原子、分子或离子在基体上沉积，成膜长大。

具体操作过程：使用特定尺寸的基片，将清洗处理好的基片摆放在真空镀膜机内的相应卡槽位置，开始进行真空镀膜。通过调节具体的镀膜参数，制备性能稳定、灵敏度高的传感器的核心部件。

镀制后的复合薄膜需经超钜公司特有的生产工艺，完成传感器制备。

5.3.3 汞传感器性能测试

5.3.3.1 灵敏度测试

对制备完成的汞传感器进行灵敏度测试，结果如表5.3.1所示。从表中可以看出，随机抽查的22个封装好的汞传感器其灵敏度在$1\times10^{-13}\sim3\times10^{-13}$，平均值为$2.68\times10^{-13}$。

表5.3.1　汞传感器灵敏度测试数据

序号	金膜号	饱和汞蒸气体积（μl）	仪器读数（mv）	灵敏度（n×10⁻¹³）
1	X223-1B	1	70	2.6
2	X223-1B	1	70	2.6
3	X223-1B	1	70	2.6
4	X223-1B	1	45	4.0
5	X223-1B	1	70	2.6
6	X223-1B	1	80	2.3
7	X223-1B	1	70	2.6
8	X223-1B	1	65	2.8
9	X223-1B	1	75	2.4
10	X223-1B	1	73	2.5
11	X223-1B	1	70	2.6
12	X223-1B	1	50	3.6
13	X223-1B	1	90	2.0
14	X223-1B	1	75	2.4
15	X223-1B	1	80	2.3
16	X223-1B	1	70	2.6
17	X223-1B	1	60	3.0
18	X223-1B	1	90	2.0
19	X223-1B	1	50	3.6
20	X223-1B	1	35	5.0
21	X223-1B	1	100	1.5
22	X223-1B	1	100	1.5

※室温22℃时饱和Hg蒸气。

5.3.3.2 稳定性测试

仪器预热后，在通入惰性气体的气氛中测试，连续测试 24h，其最大与最小电压之差即为零点漂移。表 5.3.2 是对汞传感器进行稳定性测试结果。在仪器最低检出限时，基线零点漂移<2mV/24h。

表 5.3.2 传感器稳定性测试

NO.	灵敏度 （n×10^{-13}）	零点漂移 （mV/24h）	1×10^{-13}时零点漂移 （mV/24h）
X20-2A	1.9	1.7	0.3
X19-10A	1.48	0.5	0.07
X18-3A	4.0	1.0	0.4

5.4 富集方法

在自然环境中汞的浓度是痕量的，甚至低于分析方法的检出限，对于如此低浓度的汞进行测定，且样品中还存在其他干扰物质，使得直接测定无法实现，必须先经过预富集和分离等前处理之后才能进行汞含量的测定。因此须采用合适的分离富集方法，将待测痕量组分与干扰组分分开，提高待测物的浓度，降低检出限，提高分析结果的精确度和准确度。

目前，在汞气测量中为了降低检出限，提高测汞仪的抗干扰性能和测量的灵敏度都采用预富集的手段。预富集汞气的方法很多，但是在使用上既方便又经济快捷的是吸附法，其能够实现吸附汞气体的物质很多，从原理上可分为两类，即化学吸附（为金吸附汞形成金汞齐，如金丝富集管）和物理吸附（为活性炭表面吸附汞，如活性炭富集管）。利用汞齐原理制备的汞富集管在汞观测领域已广泛使用。

20 世纪 80 年代，我国开始大量研制金汞齐富集装置。金汞齐富集装置相较于其他汞富集装置价格较高，但是使用方便，取样与分析采用同一器件，可重复使用，使用寿命可达 3～5 年，解析条件要求不高。金汞富集装置，又称金富集管，根据金元素的形态可分为金丝富集管、金砂富集管和金粉富集管。在实际研究中，各种金富集管都具有很高的捕汞效率，但在金富集管热解释汞过程中，不同的富集管会因其物理形状等的差异而造成释汞效率的差异，从而造成系统分析误差。

金丝富集管的最大优点其一是取样与分析采用同一器件，因而使用方便；其二是可以重复使用，在生产性工作中使用期限较长；其三是分析条件要求不严格，这里主要指炉温及加热时间，在特定的温度范围，只需数十秒就可以完全脱附，长时间加热也不会损坏；其四是它具有较好的排除干扰气体的功能，金丝富集管比活性炭富集管吸附除汞以外的其他气体的种类要少很多，具有较好的选择性。

为降低金富集管的成本，节省金并提高富集管的富集能力，国内设计成一种高效的金膜微粒汞富集管，进行大气超痕量汞监测，如图 5.4.1。石英微粒表面包裹一层极薄的金膜，大气采样时，只要在富集管的一端连接抽气装置，以一定的流速抽气，当气体流过富集，并将其置于一个特制的电加热释放装置中，被吸附在金膜上的汞与金膜分离，再将分离释放的汞输送到汞复合纳米金膜传感器中，即可测知样品的汞含量。此外，用金膜微粒汞富集管对汞进行富集测定，还能排除一些有机气体例如苯、丙酮、氯仿等对测定的干扰。

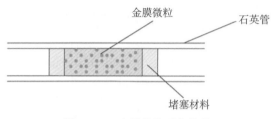

图 5.4.1　金膜微粒汞富集管

　　内热式汞富集管采用普通玻璃管代替石英管，经过实验发现，这种内热式汞富集管对于高浓度的汞具有较高的富集效率，且其汞脱附率也达到 99% 以上。内热式汞富集管在测量高浓度汞含量方面有很大的优势，可应用于矿源勘探等领域。但是加热丝因为材质的问题，长时间使用对脱附率有较大影响。

　　为进一步准确测量高浓度汞，国内研发制作了并联式汞富集管。实验证明：这种并联式汞富集管在高含量的热释汞分析中，吸附能力是金丝管的 2 倍以上，在解决汞高含量区圈定热释汞地球化学异常和异常中心难题方面有很高的实用价值。

　　综合考虑地震观测测汞仪的长期稳定性，专门设计研制一种特殊结构的复合富集管。如图 5.4.2。通过使用异形中空金丝柱和填充镀金载体的形式来增大金的总表面积，使得金与样气更加充分的接触，吸附样气中的汞更完全。

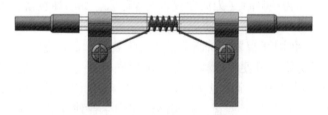

图 5.4.2　复合富集管结构示意图

　　富集管的具体工作流程：在采样富集汞过程中时，通过采样装置，样气进入富集管，当气体流过捕汞管时，气体中的汞立即与金丝或镀金载体形成金汞齐而使汞被全部阻留下来；然后，加热到特定温度，金丝以及镀金载体瞬时升温，此时汞齐被破坏，被吸附在金上的汞与金分离，这个过程对应的是复合富集管释汞过程；通过载气将分离释放的汞输送到测汞的薄膜传感器上，即可测得样品的汞含量。如图 5.4.3 所示，富集管进行连续测量时的温度曲线。由于汞是瞬时集中释放的，因而灵敏度非常高。通过在金丝含量、金丝结构和电热阻丝的优化处理，可使捕汞效率高达 95% 以上，使用寿命大于 15000 次，性能稳定，实现了低成本测汞。

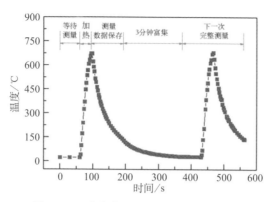

图 5.4.3　富集管连续测量时的温度曲线

富集效率和释放效率对于富集管来说是至关重要的参数，对新制备的复合富集管和使用时间达到 2000h 以上的复合富集管进行富集率和释放率的性能测试。

复合富集管性能测试结果如表 5.4.1 所示。从表中可以看出，复合富集管的富集率和释放率均在 95%以上，即便是使用较长时间（2000h）的复合捕汞管其富集率和释放率依然在 95%以上。

表 5.4.1　复合捕汞管的富集率和释放率

富集管	注入汞量（ng）	富集率（%）	释放率（%）
新制备的复合富集管	0.43864	99.67	96.56
使用过的复合富集管 1	0.72060	99.51	99.75
使用过的复合富集管 2	0.72632	98.85	96.19
使用过的复合富集管 3	0.73208	98.94	99.02

5.5　痕量汞在线自动分析仪控制系统的研制

待测气体由进样口进入仪器，在抽气泵的作用下，进入富集管，进行汞的预富集；富集结束后由自动控制系统控制富集管的释汞装置，对富集管进行加热，进入富集管释汞过程；然后释放的汞通过载气输送至复合纳米薄膜传感器，进行汞量的测定；最后测试完成的气体经尾气处理装置，从仪器中排出。整个测试流程如图 5.5.1 所示。

通过自动控制系统对痕量汞在线自动分析仪器的整体调控，实现对痕量汞准确、快速和连续监测的功能，其自动控制系统方框图如图 5.5.1 所示。该自动控制系统主要通过核心处理器控制所有硬件电路模块，包括电源控制模块、传感器测量模块、信号采集处理模块、气路控制模块、富集模块以及温度气压测量模块。

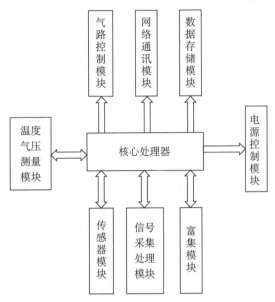

图 5.5.1 痕量汞在线自动分析仪自动控制系统方框图

5.6 痕量汞在线自动分析仪特点及性能

痕量汞在线自动分析仪采用杭州超钜公司自主研发的高灵敏度复合纳米金薄膜汞传感器和汞复合富集管，同时结合微弱信号放大技术、智能自动控制技术以及远程网络通讯技术，可以测量大气及断层中的痕量汞蒸气。如图 5.6.1 所示，该仪器是台式痕量气汞在线自动分析仪是专为连续在线观测而设计，实现无人值守全自动连续在线测量，具有高可靠性、高精度和高灵敏度的特点，适用于地震断层气监测、大气环境及汞污染现场监测等领域。

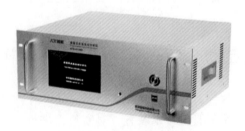

图 5.6.1 痕量气汞在线自动分析仪

针对地震流动观测和断层探测研究，专门研制的便携式汞分析仪，如图 5.6.2 所示。解决野外检测环境复杂、仪器体积大等问题，能提供较全面的痕量汞检测技术，在野外探测方面具有显著的优势。

图 5.6.2　便携式汞分析仪

　　由于地下水中逸出气参与地下水的深循环，携带较为丰富的地质信息，因此，地下水中气体的动态变化在地震监测也是主要的监测对象，根据用户需求，超钜公司研制了痕量水汞分析仪，其实物如图 5.6.3 所示。

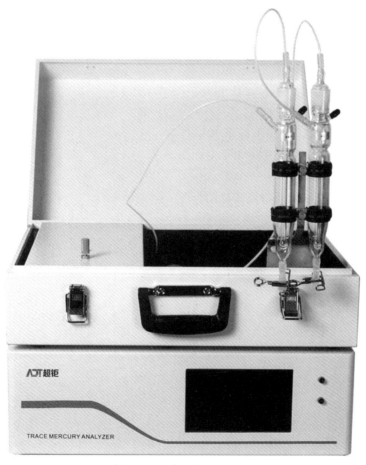

图 5.6.3　痕量水汞分析仪

5.6.1　产品特点

痕量汞在线自动分析仪特点为：

（1）采用复合薄膜传感器技术，灵敏度高，传感器灵敏度可达 $5×10^{-13}$ g；

（2）全自动在线测量，无人值守；

（3）抗干扰能力强，具有良好选择性；

（4）自动温零装置，保证仪器良好的稳定性；

（5）瞬时低功耗脱汞；

（6）显示汞浓度峰高图形及数据；

（7）查询各个时间段的汞浓度、温度、气压等数据；

（8）网络功能，实现远程数据传输、远程控制、数据下载，可接入地震网。

5.6.2　性能指标

5.6.2.1　仪器性能指标

（1）测量范围：$0 \sim 10000$ ng/m³（可定制）；

（2）零点漂移：基线零点漂移<2mV/24h；

（3）灵敏度：<0.5pg/mV；

（4）重复性：相对标准偏差≤5.0%；

（5）线性度（相关系数）：$\gamma^2 \geqslant 0.996$；

（6）功耗：平均功耗≤40W；

（7）电压要求：AC220V 50Hz，DC12V；

（8）尺寸：L×W×H＝435×450×170（mm³）；

（9）仪器重量：13.0kg；

5.6.2.2　仪器主要技术参数及其检测

（1）检出限<20pg（$20×10^{-12}$ g），指在仪器的噪声中能响应的最小汞浓度。

检测方法：经过校准合格的仪器预热完成后，仪器状态稳定时（通常是指开机预热半小时后），对 5μL 饱和汞蒸气连续测定 13 次，去掉实验测试结果中的第一次、最大值和最小值，按下式计算出检出限 D_L：

$$D_L = \frac{2G\sigma}{\bar{x}} \tag{5-9}$$

$$\sigma = \sqrt{\frac{\sum_{i=1}^{n}(x_i - \bar{x})^2}{n-1}} \tag{5-10}$$

$$G = V \times c \tag{5-11}$$

式中，x_i 为电压读数，$\bar{x}$ 为电压读数平均值，σ 为电压读数平均偏差，G 为平均注入汞量（pg），通过注入体积和饱和汞气平均浓度的乘积计算得到。

具体操作步骤：开机预热半小时后，在系统校准界面，在浓度和体积窗口输入当前智能汞标准物质发生器中的浓度和注入的饱和汞蒸气体积；用 25μL 的微量气体进样器在智能汞标准物质发生器中准确抽取 5μL 饱和汞蒸气，待仪器启动校准后，直接从仪器进样口注入饱和汞蒸气，等待测量结束；按上述方法重复测量 13 次，记录所有浓度和电压值，舍弃第一组数据、电压值最大数据和电压最小值数据，以 10 组数据按照上述公式计算。

（2）灵敏度<0.5pg/mV，指单位量待测汞量变化所致的响应量变化程度。

检测方法：在检测检出限的条件下，对 5μL 饱和汞蒸气连续测定 13 次，去掉测量结果中的第一次、最大值和最小值，按下式计算出检出限 S：

$$S = \frac{G}{\bar{x}} \tag{5-12}$$

具体操作步骤同检出限检测步骤一样。

（3）精密度以相对标准偏差系数 RSD 表示，RSD≤5.0%。

检测方法：测试条件与检出限检测相同，注入 5μL 饱和汞蒸气 13 次，去掉测量结果的第一次、最大值和最小值的，求出均方差和标准偏差 RSD：

$$RSD = \frac{\sigma}{\bar{x}} \times 100\% = \frac{\sqrt{\dfrac{\sum (x_i - \bar{x})^2}{n-1}}}{\bar{x}} \times 100\% \tag{5-13}$$

具体操作步骤同检出限检测步骤一样。

第6章 高精度测汞仪器观测技术与应用

由于地下水中逸出气参与地下水的深循环，物理化学性质活跃、迁移速度快，较少受到地表大气的混入干扰，携带的信息量较为丰富等因素，使得监测地下水中气体的动态变化成为地下流体地震前兆监测的主要手段之一。从理论上讲，一个完整的理想地下流体监测技术系统包括：一个能反映和携带地震前兆信息的井孔、一套科学的井口气水分离集气装置和一台性能良好的高精度观测仪器。本章使用杭州超钜科技有限公司自行研发的 ATG-6138M 型痕量汞在线分析仪作为汞观测仪器，进行高精度测汞仪器观测技术应用的介绍。

6.1 痕量汞在线分析仪的使用与校准

6.1.1 痕量汞在线分析仪的安装与调试

现场安装前应先按仪器出厂配置清单逐项清点，核对仪器配件，仔细阅读仪器使用说明书后，对仪器进行检查。

仪器测量前，须先设置仪器的网络参数、用户参数、测点信息以及其他信息。根据台站相关情况设置仪器中的台站代码、台站的经度、纬度、高程以及测项代码。根据测量环境设定痕量汞在线分析仪的采气流量，适当的富集时间有助于提高检测结果的精确度。富集时间过短，无法采集到新鲜的样气，测量结果不是实时反映测点浓度真实情况；富集时间过长，测点的气量无法供应，测量结果无效。此外，若背景浓度较低，接近于空气背景值，富集时间不应过短。所以富集时间应根据仪器的采气流量、集气装置、气路长度和背景浓度确定。

由于溢出气汞的背景浓度有时接近于空气背景值，此时富集时间过短，仪器测值不稳定，应适当增加富集时间。表 6.1.1 列出了不同背景浓度的富集时间。

表 6.1.1 不同背景浓度的参考富集时间

背景浓度 ng/m³	≤20	20～100	≥100
富集时间 min	10	5～8	1

6.1.2 痕量汞在线分析仪的使用

为了方便各地震台站的汞观测，痕量汞分析仪在测量方式上可分别设置手动测量和自动测量两种模式。手动测量是通过人机对话的方式，在仪器内部的计算机控制下按预先规定的工作流程进行工作。自动测量是在仪器内部计算机控制下，按照预先设计的流程进行工作，多用于无人值守的台站。在工作状态参数设置好后，仪器就进入测量状态。

为保证仪器长期稳定工作，延长使用寿命，需保证仪器使用环境处于一定湿度和温度。过高或者过低的环境湿度容易引起绝缘材料漏电、变形甚至金属部件锈蚀现象，温度过高会加速绝缘件材料的老化过程，严重影响设备使用寿命。为避免静电影响设备正常工作，应定期除尘，保持室内空气清洁；确认接地良好，保证静电顺利转移。为减少电磁干扰因素造成的不利影响，应对供电系统采取必要抗电网干扰措施。同时，仪器应该远离高频大功率、大电流设备，如无线发射台等，必要时采取电磁屏蔽措施。为达到更好的防雷效果，合理布线，避免雷击。

6.1.3　系统校准

采用标准饱和汞蒸气对仪器进行系统校准。

6.1.3.1　标准饱和汞蒸气

用标准饱和汞蒸气对仪器进行校准的依据在于：汞在不同温度下具有固定的饱和蒸气压。饱和蒸气压是指在单位时间内由于蒸发飞出液面的粒子数和飞回液面的粒子数相等时的蒸气压。饱和蒸气压与液体的种类、温度有关，液体的饱和蒸气压还与液体外部其他气体压强有关。在一定的温度下，当汞的蒸发与周围大气达到平衡状态时，具有一固定的蒸气密度（也称作饱和汞浓度）。不同温度下汞的饱和蒸气浓度如表 6.1.2 所示。由表可知，在室温条件下，每增加 1℃，饱和汞蒸气浓度大约增加 9%。

表 6.1.2　饱和汞蒸气浓度与温度关系表

T（℃）	汞浓度（ng/mL）	T（℃）	汞浓度（ng/mL）	T（℃）	汞浓度（ng/mL）	T（℃）	汞浓度（ng/mL）
75	608.00	37	50.20	20	13.28	3	2.90
70	453.00	36	46.60	19	12.30	2	2.64
65	334.00	35	43.20	18	11.20	1	2.40
60	240.00	34	40.00	17	10.24	0	2.19
55	176.00	33	37.00	16	9.40	−1	1.92
50	126.00	32	34.30	15	8.63	−2	1.74
48	109.60	31	31.80	14	7.92	−3	1.58
47	102.40	30	29.50	13	7.26	−4	1.40
46	95.30	29	27.20	12	6.66	−5	1.28
45	89.20	28	25.10	11	6.10	−10	0.74
44	83.20	27	23.20	10	5.57	−15	0.42
43	77.60	26	21.50	9	5.00	−20	0.23

T（℃）	汞浓度（ng/mL）	T（℃）	汞浓度（ng/mL）	T（℃）	汞浓度（ng/mL）	T（℃）	汞浓度（ng/mL）
42	72.30	25	19.90	8	4.64	−39	0.015
41	67.30	24	18.40	7	4.24		
40	62.60	23	17.00	6	3.86	−53.2	0.008
39	58.20	22	15.70	5	3.50		Hg 的冰点
38	54.00	21	14.43	4	3.18		

6.1.3.2　饱和汞蒸气源的使用和存放

采用杭州超钜科技有限公司研制的 ATG-100M 智能汞标准物质发生装置作为饱和汞蒸气源对仪器进行校准，该装置主要作为气态汞蒸气取样校准依据使用，免去使用传统汞瓶取样对表查询换算的繁琐程序，具有更高的效率和良好的使用体验，携带方便、测量精度高、待机时间长以及安全系数高的特点（图6.1.1）。

图 6.1.1　ATG-100M 智能汞标准物质发生装置

6.1.3.3　测汞仪的校准

校准要做到以下要求：

（1）测汞仪校准每次应由一人独立完成，避免因操作不一致而引入误差；

（2）校准前应对要校准的仪器的性能及工作状态进行检查，确保其预热结束；

（3）确定工作条件，使其与常规汞观测时的条件一样；

（4）校准前应提前把汞瓶放置在测试环境中，环境温度需保持在 15℃ 以上，使室温与汞瓶温度达到平衡；

（5）校准人员的操作要熟练、准确、迅速，应在 2h 内完成校准，避免时间过长而使温度变化过大；

（6）校准曲线上的测点不应少于 3 个，严重偏离原点的要重新标定。等量汞蒸气至少平行测定两次，其校准系数相对误差及各测点间的相对误差均应<5%；

（7）仪器进行校准及汞观测时，要注意防潮、防污染、水、硫、烟雾、汞及其他环节带来的干扰都会使校准和观测结果产生较大误差。

仪器校准采用多点校准的方法，通过选择多个样点系数，得出的校准值与电压的关系的拟合曲线以及校准值、方差、线性度等信息，如图 6.1.2 所示。

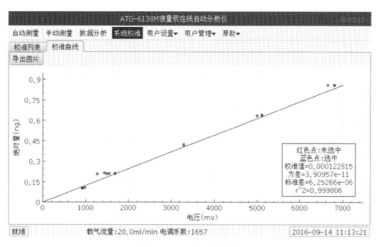

图 6.1.2　校准曲线

6.2　测汞观测点的布设

长期定点地震观测中，汞观测测点选择非常重要，其选择应遵循以下原则：

（1）优先选择自然热水井及保持自然状态的温泉井；

（2）测点应选在活动构造带、地震活跃地带，这些位置若无水点，可以开展断层带土壤气汞观测；

（3）各省市的测汞点不宜过于分散，同一条地震带上应选测点两个以上，川、滇等重点危险区测点距以 300～400km 以内为宜，首都圈的测点距应在 200～300km 以内为宜，以便于形成区域测汞网；

（4）选点时首先应进行测试，一般不宜选择汞量太低或太高的测点；

（5）鉴于我国的国情，应在现有水化网的测点中选择测汞点。

对选定的测汞观测点应收集以下资料：测点所在地理位置、构造部位、水文地质条件、完整的钻孔资料、地球化学背景资料（如水质全分析资料等）、已用水化测项的资料。

对观测井、泉特别要了解水的来源及其所在构造部位，了解该点及周围井泉的地下水开采和利用情况，井、泉流量历年的变化动态及水温变化动态。总之，要对测汞点的现状、前景及环境干扰因素有比较充分全面的了解和认识。

6.3　井口集脱气装置

汞观测通常会使用到井口集脱气装置，严格地说应称为井口气水分离集气装置，它是实现气体数字化观测的重要基础环节，对于获得真实可靠的观测结果具有重要的作用。自 20 世纪 70 年代以来，研制了不同种类的脱气装置，但是，都存在以下四个方面的问题：①脱气（气水分离）效率低；②气水分离面以上的气体积累和运移空间（"死空间"）太大，观测结果不能客观反映地下水中气体的微动态；③"自然脱气法"脱出的气体压力低，气路容易被堵塞；④装置内气水分离的截面积较大，当井水流量引起动水位变化幅度较大时，空气被回吸到观测仪器内，导致观测结果产生较大的误差。根据上述问题，国内的一些专家研制出适用于不同井孔条件下的气体采样的集气装置。常用的脱集气装置大致有以两种：溅射脱气法和电动鼓脱气泡法。

6.3.1　溅射脱气法

溅射脱气–集气装置一般采用自然跌落脱气，但是这种传统的脱气效率较低，集气容积大导致脱得的气体不新鲜，不能快速反映地下流体中气体的变化情况。针对这些问题，利用溅射—负压脱气原理，采用恒流箱或恒压管进水，在一定水压差情况下，水快速从高处通过向下溅冲击到溅射平台上，在溅射过程中形成负压区，由于负压作用，水中气体被脱析出来。脱析出来的气体和原来在地下水中自然逸出的气体都在装置中的集气区，形成恒定的压力，经脱气口供观测仪器检测，脱气后的水最后从出水口自由泄出。其脱气装置结构及脱气原理示意图如图 6.3.1 所示。

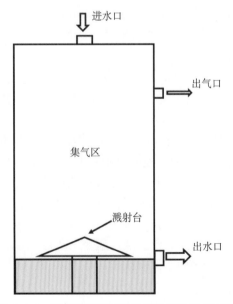

图 6.3.1　溅射鼓泡脱气装置结构图及脱气原理图

6.3.2　电动鼓泡脱气法

观测井的水压（较低动水位，或者没有进行水位、水温观测，只进行化学量观测的静水位井）达不到自吸气式脱气装置的气体脱析，应该采用恒流箱或恒压管进水。电动鼓泡脱气装置适用于这样的观测井，其脱气装置结构及脱气原理示意图如图6.3.2所示。其脱气原理是：利用电动恒流气泵把空气从进气口输送进装置，然后通过特制的耐高温、耐腐蚀的多孔柱让气体形成均匀的气泡，在鼓泡室中与水中溶解的气体混合，当气体从鼓泡室进入集气室时，空气把水中的溶解气体带出，完成鼓泡脱气过程。水流从装置底部的进水口进入到鼓泡室的底部，水在鼓泡室中脱气后溢出到水封恒压室，集气室中的气体形成恒定的压力，以便供仪器测量使用，脱气后的水最后从出水口自由泄出。

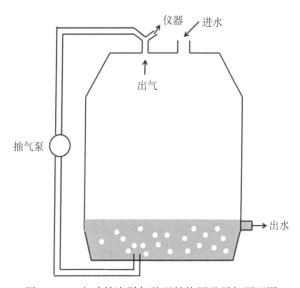

图 6.3.2　电动鼓泡脱气装置结构图及脱气原理图

6.4　应用案例

6.4.1　云南省弥勒弥东哨井

6.4.1.1　观测井的选取

本文观测实验所选用的观测井为弥勒弥东哨井，该观测井位于弥勒—师宗断裂带上，其地理位置为（24.41°N，103.40°E），测点高程1423.0m。该井于2003年12月下旬完工成井，终孔深度614.40m，孔径216mm。花管安装至355.04m处，自355.04m以下为裸孔，过水段管径121～168mm。根据钻探资料，含水层地层岩性为层状砂岩及白云岩。其中102.16m以上为白云岩，该段地层节理裂隙及岩溶管道极为发育。根据地质资料及地下水情况分析，该观测井井水为沿弥勒—师宗断裂带上涌的深循环地下热水与浅层基岩裂隙承压水的混合水，井水温度随深度逐渐升高，表现为正梯度。该观测井数字化、辅助测项齐全，陆续开展了水位、水温、气氡、气汞、水汞、流量、水电流、氦气、气温、气压、降水量等十几个模拟观测和数字化观测项目。

6.4.1.2　测试条件

在同一井孔的相同观测深度，同时放置 3 套独立测汞仪进行连续对比观测，见图 6.4.1。从图中可以看出，两套数字化智能测汞仪沿用以往气路观测方式，并列连接在"九五" SD-3 测氡仪的排气口上，测氡仪不抽气，只是作为通气管路使用；ATG-6138M 型痕量汞在线自动分析仪为在井口下方新铺设的一条单独管路，与两套数字化智能测汞仪形成并联模式。为了避免 3 套测汞仪同时抽气对彼此的测量值造成影响，3 套仪器的抽气开始时间先后间隔 5min，以保证足够的气量。3 套测汞仪采样率设置相同，均为 1 次/h。

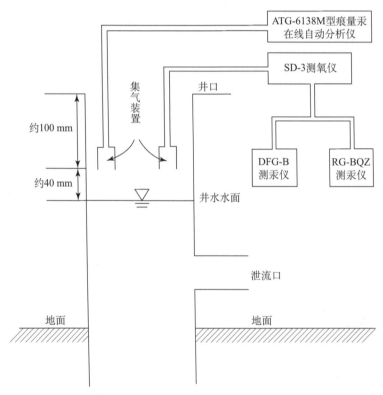

图 6.4.1　三套测汞仪器气路连接示意图（杨丽等，地震研究，2016）

6.4.1.3　结果与分析

对 2015 年 4 月 11 日至 5 月 20 日 3 套测汞仪的整点值观测数据曲线进行对比分析。由图 6.4.2 可见，DFG-B 型和 RG-BQZ 型数字化智能测汞仪的测值变化幅度较大，观测数据曲线均有较大的突跳或起伏，且形成较多毛刺，观测数据曲线动态规律性不强。而 ATG-6138M 型痕量汞在线自动分析仪观测数据曲线可以看到明显的日变形态，且无毛刺。由此可见，DFG-B 型和 RG-BQZ 型数字化智能测汞仪的数据质量和观测稳定性较 ATG-6138M 型痕量汞在线自动分析仪差。从图中还可以看出，在 2015 年 4 月 25 日尼泊尔 M_S8.1 大地震前后，ATG-6138M 型痕量汞在线自动分析仪清晰地记录到了同震变化，这也是国内首次观测到了地下流体汞的同震效应，而 DFG-B 型和 RG-BQZ 型数字化智能测汞仪未能记录到同震响应，也进一步证实了 ATG-6138M 型痕量汞在线自动分析仪比 DFG-B 型和 RG-BQZ 型数字化智能测汞仪灵敏度更高，且痕量汞还能记录到地震波引起的深部流体中汞含量变化的异常信息。

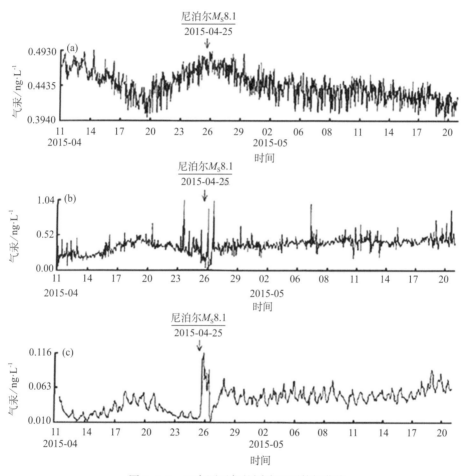

图 6.4.2　三套测汞仪的同步观测数据曲线

（a）DFG-B 气汞整点图；（b）RG-BQZ 气汞整点图；

（c）ATG-6138M 痕量汞整点图（杨丽等，地震研究，2016）

测汞仪的主要技术指标和参数能够反映该台仪器性能优劣，主要包括仪器的检出限、灵敏度、精密度、稳定度和准确度等。根据出厂时主要技术指标和参数标准对比，ATG-6138M 型痕量汞在线自动分析仪的检出限、灵敏度比 DFG-B 型和 RG-BQZ 型数字化智能测汞仪高，具体见表 6.4.1。

表 6.4.1　仪器出厂时的技术指标和参数标准

仪器型号	检出限/ng（汞）	灵敏度/ng（汞）	基线稳定度
DFG-B 型/RG-BQZ 型	0.008	0.008	0.0008～0.001ng/30min
ATG-6138M 型痕量汞	0.0005	0.0005	<2mV/8h

　　进一步对这 3 套测汞仪的观测数据进行数学处理，一方面利用软件对两个多月的观测整点值进行一阶差分分析，如图 6.4.3 所示；另一方面计算观测日均值的标准偏差，DFG-B 型和 RG-BQZ 型数字化智能测汞仪的日均值标准偏差分别为 0.023 和 0.102，ATG-6138M 型痕量汞在线自动分析仪的日均值标准偏差为 0.008。通过对观测数据做差分分析，并结合计算出的标准偏差结果不难看出，DFG-B 型和 RG-BQZ 型数字化智能测汞仪观测数据的离散程度较 ATG-6138M 型痕量汞在线自动分析仪的离散程度大，尤其 RG-BQZ 型数字化智能测汞仪的日均值标准偏差达到了 0.102，其测值较为分散，表现出较多大的突跳。而 ATG-6138M 型痕量汞在线自动分析仪的测值相对集中，观测数据曲线平滑，没有大的突跳、毛刺，呈现出日变动态。

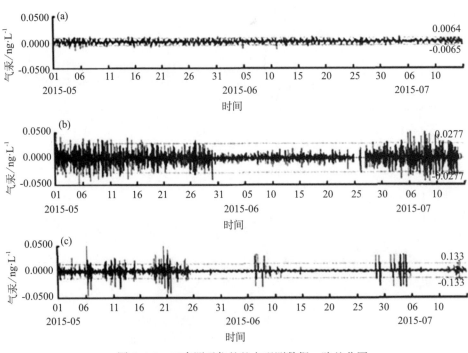

图 6.4.3　三套测汞仪的整点观测数据一阶差分图

（a）ATG-6138M 痕量汞一阶差分；（b）DFG-B 气汞一阶差分；

（c）RG-BQZ 气汞一阶差分（杨丽等，地震研究，2016）

6.4.2　内蒙古赤峰地震台 1 号井

在 2014 年华北地震强化跟踪工作中，内蒙古赤峰地震台 1 号井逸出气汞浓度出现高值异常。为了现场核实汞浓度异常的可靠性，于 2014 年 3 月末在赤峰地震台 1 号井安装了 1 台 ATG-6138M 测汞仪，用于与该井原 DFG-B 型智能测汞仪进行对比观测，分析观测仪器的稳定性和可靠性，判定汞异常是否为地震孕育过程的前兆信息。

6.4.2.1　观测点概况

赤峰 1 号静水位观测井，井水位埋深约为 21m，井深约 106m，观测井口密封性差。井口内进行观测的项目有数字氡、汞、水位和水温，各个探头和取气口隔开，以避免干扰。其中气汞取样口位于井下约 5m 处，使用管线和观测仪器 DFG-B 连接。观测井房面积约 10m^2，如图 6.4.4 所示。

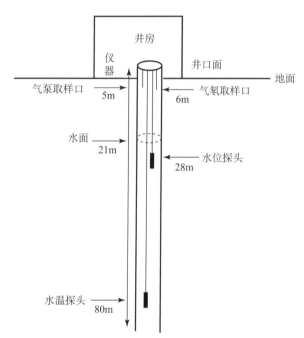

图 6.4.4　赤峰 1 号井观测示意图（郭丽爽等，震灾防御技术，2015）

6.4.2.2　测试条件

在现场异常核实过程中，使用 ATG-6138M 测汞仪测试了井房外大气和井房内空气中汞的浓度，主要是为了检验井房内是否存在汞污染。随后，利用三通将送气管分流连接至 DFG-B 和 ATG-6138M 测汞仪，进行井孔内气汞的连续观测。其中 DFG-B 与 ATG-6138M 相差半小时采样，富集流量约 0.5～1L/min，两套仪器采样互不影响。DFG-B 的数据单位为 ng/L，ATG-6138M 的为 ng/m^3，根据国际气体汞浓度惯用单位，以下将 ng/L 换算成 ng/m^3。

6.4.2.3　结果与分析

ATG-6138M 测得的井房外大气中的汞浓度为 3.66±0.33ng/m^3（测量 2 次），井房内空气的汞浓度为 84.99±12.51ng/m³（测量 3 次）。观测井房具有如此高的气汞浓度，表明井房内存在较严重的汞污染。为了确定井房内汞的污染来源，经现场检查，用于 DFG-B 仪器季度检查和校准的自制液体汞保存在密封的塑料水杯中，杯盖处打细孔用于抽取汞蒸气，平时仅使用塑料胶布封闭细孔，因为汞独特的性质，常温下即可蒸发，会导致汞瓶内的汞缓慢逸出扩散到整个房间使得房间内汞浓度较室外高出 20 多倍。自制汞源存放在离观测井口约 2m 的金属柜子里，现场检查时打开汞源密封胶布，此时液态汞的挥发更加剧烈，加快了井房内汞的污染。为了减少继续对观测井房的污染，异常现场核实过程中需将汞源移走并重新进行密封。

本节对比观测获得了 2014 年 4 月 1 日至 5 月 25 日井孔内逸出气汞整点值数据（表 6.4.2 和图 6.4.5）。结果显示，ATG-6138M 数据变化范围为 9.52～105.70ng/m³，有日变特征；DFG-B 数据变化范围为 0～206ng/m³；ATG-6138M 测得的数据较 DFG-B 偏小。

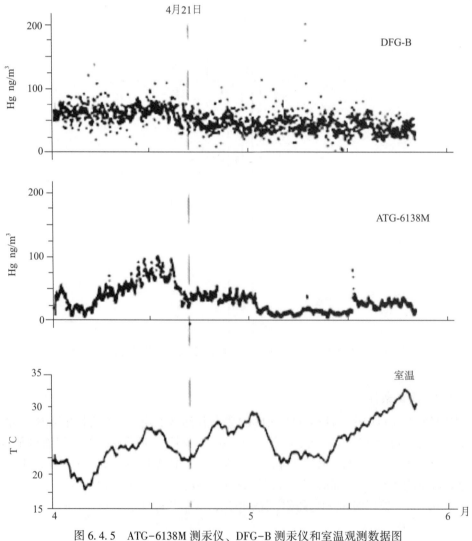

图 6.4.5　ATG-6138M 测汞仪、DFG-B 测汞仪和室温观测数据图
（郭丽爽等，震灾防御技术，2015）

表 6.4.2　ATG-6138M 和 DFG-B 测汞仪对比数据

仪器型号	最大值（ng/m³）	最小值（ng/m³）	中值（ng/m³）	平均值（ng/m³）
ATG-6138M	105.70	9.52	34.25	37.64
DFG-B	206.00	0	56	56.35

　　在观测井房内，由于存在汞污染，汞的挥发和吸附作用与温度密切相关。ATG-6138M 观测的 4 月 21 日前的汞数据与室内温度呈现出正相关性，当温度升高时，附着的汞挥发到井房空气中，导致 ATG-6138M 观测数据的升高。4 月 21 日后 ATG-6138M 测得的汞数据相对稳定，与室内温度相关性较弱，可能与移走汞源后空气和室内墙壁附着的汞浓度减少有关。ATG-6138M 对井房内汞污染反映较为灵敏，但是 DFG-B 观测数据与井房内温度变化相关性较弱。

　　根据地震行业标准《地震台站建设规范——地下流体台站第 2 部分：气氡和气汞台站》，非自流井宜采用浮动罩式集气装置，集气罩与水面直接接触，以保证井水位发生变化时罩内的体积不变。赤峰 1 号井井水位埋深 21m，而气汞取气口在井管中距井口 5m 处，距离水面有 16m（图 6.4.4），笔者分析认为，仪器所采集的气体为水中逸出气和空气的混合气体。如果空气受到了汞源的污染，仪器就会观测到较高的汞浓度变化。

　　为了对比两种仪器的稳定性，笔者对观测的汞数据进行了一阶差分，并计算出差分值的 2 倍标准偏差。结果表明：ATG-6138M 的一阶差分数据主要分布在 $-7 \sim 7$ ng/m³ 之间，而 DFG-B 的一阶差分数据主要分布在 $-35 \sim 35$ ng/m³ 之间，观测数据存在较大范围的随机波动，观测误差较大（图 6.4.6）。

　　ATG-6138M 校准注入的汞量与仪器电压值（mV）具有较高的线性关系，线性相关系数 R^2 为 0.99978（图 6.4.7），表明仪器观测结果准确性较高。2014 年 2 月 7 日对 DFG-B 进行季度检查时，仪器校准注入的汞量与仪器吸光值呈现出负相关性，表明仪器灵敏度降低，对汞浓度变化响应不灵敏。DFG-B 测汞仪在每年的 2、5、8、11 月分别进行季度检查，12 月仪器校准更换校准系数 K，校准系数不稳定，变化范围大。因此，DFG-B 仪器测试结果相对不稳定。

　　自 2011 年以来，DFG-B 未更换或清洗过捕汞管，经过长时间使用的捕汞管会在金丝表面形成金汞齐，降低了捕汞管效率。因此，DFG-B 测汞仪对汞的波动不灵敏，存在着捕汞管污染和老化。当大量的汞附着在捕汞管上时，极易造成测值的突跳或持续高值现象。而且当空气中汞的浓度较高时，对仪器的传感器也会造成一定的损害，易引起测值的不稳定。

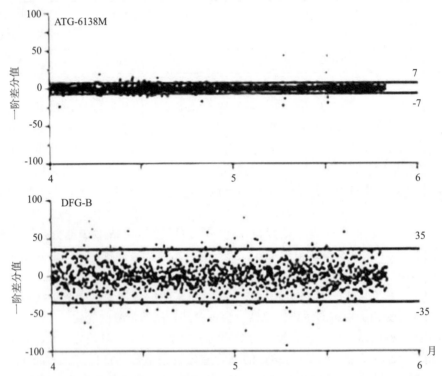

图 6.4.6　ATG-6138M 和 DFG-B 测汞仪观测数据的一阶差分（郭丽爽等，震灾防御技术，2015）

图中直线为一阶差分数据的 2 倍标准偏差

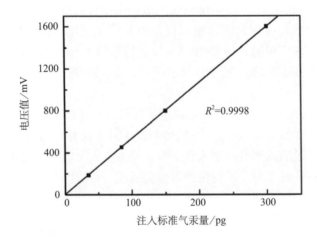

图 6.4.7　ATG-6138M 测汞仪校准曲线（郭丽爽等，震灾防御技术，2015）

参 考 文 献

范雪芳，黄春玲，刘国俊等．山西夏县氢观测资料的初步分析［J］．山西地震，2012，3：7～12

范雪芳，李自红，刘国俊等．断层氢气观测技术试验研究［J］．中国地震，2014，30（1）：43～54

张涛，朱成英，向阳．阿克苏痕量氢观测资料初步分析［J］．内陆地震，2016，30（2）：162～167

杨丽，刘峰，官朝康等．两种不同类型测汞仪对比观测试验结果分析［J］．地震研究，2016，39（3）：479～485

郭丽爽，刘耀炜，张磊等．DFG-B测汞仪与ATG-6138M测汞仪对比观测结果分析［J］．震灾防御技术，2015，10（3）：615～620

陈华静，张朝明，朱方保等．气体数字化观测气水分离装置研究［J］．地震，2002，22（1）：104～110

中国地震局监测预报司．地震地下流体理论基础与观测技术（试用本）［M］．北京：地震出版社，2007，10

车用太，刘五洲，金鱼子．地壳流体与地震活动关系及其在强震预测中的意义［J］．地震地质，1998，20（4）：431～436